入眼 · 入脑 · 入手 · 易教 · 乐学

U0102363

职业教育美容美体艺术专业课程改革新教材

护肤技术 上

HUFU JISHU

主　　编 ◎ 陈晓燕

执行主编 ◎ 孔晶晶

副 主 编 ◎ 王小江

参　　编 ◎ 鲁家琦　崔蓉英

　　　　　　李巧云　彭德文

　　　　　　戴晓红

北京师范大学出版集团
BEIJING NORMAL UNIVERSITY PUBLISHING GROUP
北京师范大学出版社

图书在版编目（CIP）数据

护肤技术（上）/ 孔晶晶 执行主编. —北京：北京师范
大学出版社，2020.9（2024.6重印）
职业教育美容美体艺术专业课程改革新教材 / 陈晓燕主编
ISBN 978-7-303-26223-6

Ⅰ．①护… Ⅱ．①孔… Ⅲ．①皮肤－护理－中等专业
学校－教材 Ⅳ．①TS974.11

中国版本图书馆CIP数据核字（2020）第157334号

教 材 意 见 反 馈： gaozhifk@bnupg.com 010-58805079
营 销 中 心 电 话： 010-58802755 58800035

出版发行：北京师范大学出版社 www.bnupg.com
　　　　　北京市西城区新街口外大街12-3号
　　　　　邮政编码：100088
印　　刷：天津旭非印刷有限公司
经　　销：全国新华书店
开　　本：787 mm×1092 mm　1/16
印　　张：9
字　　数：190千字
版　　次：2020年9月第1版
印　　次：2024年6月第3次印刷
定　　价：32.00元

策划编辑：鲁晓双　　　　　责任编辑：朱前前
美术编辑：焦　丽　　　　　装帧设计：李尘工作室
责任校对：张亚丽　　　　　责任印制：马　洁　赵　龙

再版序

　　从2007年起，浙江省对中等职业学校的专业课程进行了改革，通过大量的调查和研究，形成了"公共课程+核心课程+教学项目"的专业课程改革模式。美容美体专业作为全省十四个率先完成《教学指导方案》和《课程标准》研发的专业之一，先后于2013年、2016年由北京师范大学出版社出版了由许先本、沈佳乐担任丛书主编的《走进美容》《面部护理（上、下）》《化妆造型（上、下）》《美容服务与策划》六本核心课程教材。该系列教材在全省开设美容美发与形象设计专业的中职学校推广使用，因其打破了原有的学科化课程体系，在充分考虑中职生特点的基础上设计了适宜的"教学项目"，强调"做中学"和"理实一体"，故受到了师生的一致好评，在同类专业教材中脱颖而出。

　　教材出版发行后，相关配套资源开发工作也顺利进行。经过一线专业教师的协同努力，各本教材中关键核心技术点的微课均已开发完成。全国、全省范围内围绕教材开展了多次教育教学研讨活动，使编写者在实践中对教材研发、修订有了新的认识与理解。

　　为应对我国现阶段社会主要矛盾的变化，实现职业教育"立德树人"总目标，提升中职学生专业核心素养，培养复合型技术技能

型人才，编写者对教材进行了再版修订。在原有六本教材的基础上，依据最新标准，更新了教材名称、图片、案例、微课等内容，新版教材名称依次为《美容基础》《护肤技术（上）》《护肤技术（下）》《化妆基础》《化妆造型设计》《美容服务与策划》。本次修订主要呈现如下特色：

第一，将学生职业道德养成与专业技能训练紧密结合，通过重新编排、组织的项目教学内容和工作任务较好地落实了核心素养中"品德优良、人文扎实、技能精湛、身心健康"等内容在专业教材中落地的问题。

第二，在充分吸收国内外行业企业发展最新成果的基础上，借鉴世界技能大赛美容项目各模块评分要求，针对中职生学情调整了部分教学内容与评价要求，进一步体现了专业教学与行业需求接轨的与时俱进。

第三，体现"泛在学习"理念，借助现代教学技术手段，依托一流专业师资，构建了体系健全、内容翔实、教学两便、动态更新的数字教学资源库，帮助教师和学生打造全天候的虚拟线上学习空间。

再版修订之后的教材内容更加满足企业当下需求并具有一定的前瞻性，编排版式更加符合中职生及相关人士的阅读习惯，装帧设计更具专业特色、体现时尚元素。相信大家在使用过程中一定会有良好的教学体验，为学生专业成长助力！

是为序。

陈晓燕

2020年6月

序

在一个较长的时期，职业教育作为"类"的本质与特点似乎并没有受到应有的并且是足够的重视，人们总是基于普通教育的思维视角来理解职业教育，总是将基础教育的做法简单地类推到职业教育，这便是所谓的中职教育"普高化"倾向。

事实上，中等职业教育具有自身的特点，正是这些特点必然地使得中等职业教育具有自身内在的教育规律，无论是教育内容还是教育形式，无论是教育方法还是评价体系，概莫能外。

我以为，从生源特点来看，中职学生普遍存在着知识基础较差，专业意识虚无，自尊有余而自信不足；从学习特点来看，中职学生普遍存在着学习动力不强，厌学心态明显，擅长动手操作；从教育特点来看，中职学校普遍以就业为导向，强调校企合作，理实一体。基于这样一些基本的认识，从2007年开始，浙江省对中等职业学校的专业课程进行改革，通过大量的调查和研究，形成了"公共课程+核心课程+教学项目"的专业课程改革模式，迄今为止已启动了7个批次共计42个专业的课程改革项目，完成了数控、汽车维修等14个专业的《教学指导方案》和《课程标准》的研发，出版了全

新的教材。美容美体专业是我省确定的专业课程改革项目之一，呈现在大家面前的这套教材是这项改革的成果。

浙江省的本轮专业课程改革，意在打破原有的学科化专业课程体系，根据中职学生的特点，在教材中设计了大量的"教学项目"，强调动手，强调"做中学"，强调"理实一体"。这次出版的美容美体专业课程的新教材，较好地体现了浙江省专业课程改革的基本思路与要求，相信对该专业教学质量的提升和教学方法的改变会有明显的促进作用，相信会受到美容美体专业广大师生的欢迎。

我们也期待着使用该教材的老师和同学们在共享课程改革成果的同时，也能对这套教材提出宝贵的批评意见和改革建议。

是为序。

方展画

2013年7月

前　言

　　党的二十大报告从"实施科教兴国战略，强化现代化建设人才支撑"的高度，对"办好人民满意的教育"作出专门部署，凸显了教育的基础性、先导性、全局性地位，彰显了以人民为中心发展教育的价值追求，为推动教育改革发展指明了方向。《职业教育法》的修订颁布，明确了职业教育是与普通教育具有同等重要地位的教育类型。新时代要进一步加强党对职业教育的领导，坚持"立德树人"总目标，贯彻落实《关于推动现代职业教育高质量发展的意见》，持续推进"教师、教材、教法"改革，努力提升学生职业核心素养。

　　中等职业教育美容美体艺术专业的设立与发展，极大顺应了人民生活水平日益提高，向往美好生活的现实需求。经过十多年发展，目前全国各省份，特别是沿海经济发达地区开设该专业的学校如雨后春笋般涌现，专业人才培养的数量不断增加，质量迅速提升。但由于缺少整体规划与布局，该专业自主性发展特征明显。虽有国家制定的《中等职业学校专业教学标准（试行）》，但鉴于各地区办学水平不尽相同，师资力量差距明显，对教学标准理解不到位、认识不统一，严重影响了美容美体专业进一步良性发展，一线专业教师对优质国规教材的需求亟待满足。

　　本套美容美体艺术专业教材是在严格遵循国家专业教学标准并充分

考虑专业发展、学生学情基础上，紧密依靠行业协会、行业龙头企业技术骨干力量，由长期在美容美体专业教学一线的老师精心编写而成。整套教材以各门核心课程中提炼出来的"关键技能"培养为目标，深切关注学生"核心素养"的培育，通过"项目教学+任务驱动"呈现，并贯彻多元评价理念，确保教材的实用性与前瞻性。各本教材图文并茂、可读性强；工作任务单以活页形式呈现，取用方便。该套教材重在技能落实、巧在理论解析、妙在各界咸宜。其最初版本曾作为浙江省中等职业学校美容美体专业课改教材在全省推广使用，师生普遍反映较好。

本书依据《中等职业学校专业教学标准（试行）》要求编写。本书的编写以美容行业实际需求为基础，以提高学生职业能力为导向，在知识体系、框架结构与呈现方式等方面进行了创新，使之切合中等职业学校师生的实际和需求。

本书采用项目教学，借助任务引领展开教学。编写过程坚持以提高学生的核心技能标准为导向，突出创新性、实用性和可操作性的原则，注重学生的自主性和参与性，关注学生的情操陶冶与美育修养。

本书上册由七个项目二十个任务、下册由七个项目十六个任务组成。在每一个项目中设计了情境导入、相关链接、重点突破、任务拓展、任务评价、项目总结、项目反思等环节，形式新颖、内容丰富。具体授课安排如下：

上册选择来源于工作过程，掌握皮肤护理前的准备工作、面部清洁、皮肤检测、面部按摩、面膜护理、结束工作这几个基础流程的规范操作，从而能熟练地进行面部皮肤的常规护理。建议教学学时126学时，具体学时分配如下表（供参考）。

项目	课程内容	建议学时
一	准备工作	7
二	面部清洁	14
三	皮肤检测	7
四	面部按摩	21
五	面膜护理	14
六	结束工作	7
七	整体护理流程	49
八	机动	7

下册主要围绕皮肤护理大框架，通过让同学们在眼、唇专业护理，头部按摩，前颈部护理，面部特殊护理，面部刮痧与拨筋，耳部护理，商务男士护肤等与面部紧密相关的各项目情景学习中，更加全面地学习面部护理技术，从而能胜任以面部为核心皮肤的常规护理工作。建议教学学时126学时，具体学时分配如下表（供参考）。

项目	课程内容	建议学时
一	眼、唇专业护理	35
二	头部按摩	7
三	前颈部护理	14
四	面部特殊护理	21
五	面部刮痧与拨筋	21
六	耳部护理	14
七	商务男士护肤	7
八	机动	7

本书融合了行业新技术、新工艺、新规范，既可供中等职业学校美容美体艺术及相关专业的学生使用，又可作为美容师岗位培训及爱美人士学习的参考书。本书还针对重点内容配有教学视频及实操教学案例。

本书由陈晓燕主编，孔晶晶任执行主编，王小江任副主编，刘可、刘慧琴、陈余丹、朱正莲等同学担任插图模特。本书在编写过程中得到了杭州市拱墅区职业高级中学曾小明老师、陈明航老师等的鼎力帮助；还得到了杭州市拱墅区英美职业培训学校吉正龙校长、克丽缇娜集团杭州分公司王毕宁副经理、琴美健康美业集团田建军董事长、香港雍中缘健康产业集团王迪董事长、杭州上城区可馨美容工作室姚可馨女士的技术支持，在此一并表示感谢！

在教材编写中，参考和应用了一些专业人士的相关资料，转载了有关图片，在此对他们表示衷心的感谢。我们在书中尽力注明，如有遗漏之处，敬请读者谅解指正。由于编者水平有限，书中难免有不足之处，敬请读者提出宝贵的意见与建议，以求不断改进，使其日臻完善。

目 录
CONTENTS

项目一

准备工作

情境
导入

李瑛是中职美容美体专业的高一新生。自开学之日起，她就向往去美容护理教室上实操课。这一天终于来临了。当她踏进美容教室时，感觉这里非常整洁干净，物品放置得整整齐齐。听老师说护理前的准备工作是非常重要的，她迫切地想去学一学……

着手的任务是

我们的目标是

• 掌握准备工作的各个组成要素
• 识别各种常见美容用品用具
• 学习美容师手部训练操

• 熟悉准备工作的规范操作
• 了解常用美容用品用具
• 熟悉美容师手部训练操

任务实施中

任务一　护理前的准备工作

　　"良好的开端是成功的一半"，将护肤前的各项准备工作做到位并做好，能保证皮肤护理的各项操作顺利进行，这是美容院提供优质服务的前提条件，也是留住顾客的不二法宝。

　　美容师的准备工作分为三部分：美容师自身的准备；工作区域的准备；安顿顾客的准备。

一、美容师自身的准备

美容师自身的准备

图1-1-1

- 操作示范　图1-1-1 仪容仪表端正

- 操作说明　为了以最好的状态投入工作，美容师需要在以下方面进行自我检查，包括淡妆检查、首饰检查、指甲检查、着装检查等。

图1-1-2

- 操作示范　图1-1-2 双手清洁消毒

- 操作说明　在为顾客做护理前，美容师应按照卫生规范洗手，并用2~3粒浸有75%酒精的棉球对双手进行消毒。目的是做到无菌操作，避免交叉感染，同时给顾客以严谨、认真、专业的印象，增加信任感。

相关链接

酒精浓度越高越好吗?

医用酒精又称乙醇，是最常用的皮肤消毒剂。不同浓度的酒精都是由高浓度（95%）酒精经蒸馏水稀释而成的。酒精之所以能消毒是因为酒精能够吸收细菌蛋白的水分使其脱水变性凝固，从而达到杀灭细菌的目的。

如果使用高浓度酒精，对细菌蛋白脱水过于迅速，使细菌表面蛋白质首先变性凝固，形成一层坚固的薄膜，酒精反而不能很好地渗入细菌内部，以至于影响其杀菌能力。75%浓度酒精与细菌的渗透压相近，可以在细菌表面蛋白未变性凝固之前逐渐向菌体内部渗透，使细菌所有蛋白脱水，变性凝固，最终杀死细菌。若酒精浓度低于75%，由于渗透能力差，也会影响杀菌能力。

二、工作区域的准备

美容师在为顾客服务前，需要把工作区域布置得温馨而规范，使顾客能在第一时间静下心来愉悦地接受服务，规整的环境也便于后续工作有条不紊地展开。工作区域准备包括：环境氛围营造、美容床位铺设、美容仪器检查、用品用具摆放。

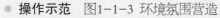

工作区域的准备

● **操作示范**　图1-1-3 环境氛围营造　　　　图1-1-3

● **操作说明**　调好播放的音乐，选择合适的芳香气味，调节灯光至柔和状态。通过怡人的芳香、醉人的音乐和柔和的灯光营造出温柔舒适的护理氛围。

如果美容院设有VIP室，环境准备工作还应包括卫生间清洁检查，窗户、窗帘关闭遮光检查。

图1-1-4

- ● 操作示范　图1-1-4　美容床位铺设

- ● 操作说明　在顾客到来之前，应调整好美容床的位置、角度，将床头部微微抬起（不得高于30°），让顾客以最舒适的姿势接受护理。

　　更换床上用品，铺好一次性床单、放置好经消毒后的"三巾"——用一条小毛巾横向覆盖于美容床头、两条放置于床头部位。

图1-1-5

- ● 操作示范　图1-1-5　美容仪器检查

- ● 操作说明　检查美容仪器，查看设备的电路是否通畅、安全，运转是否正常。同时将仪器设备配件、附属用品配齐并消毒、摆放就位。

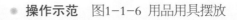

图1-1-6

- ● 操作示范　图1-1-6　用品用具摆放

- ● 操作说明　用品、用具整齐地摆放在随手可取的工作台或手推车上。

　　摆放的产品应以使用先后为序。

三、安顿顾客的准备

　　美容师是除医生以外，近距离接触顾客肌肤的职业。作为一项面对面的服务性工作，美容师还需要切实地为顾客着想，协助顾客做好护理前的准备工作。

安顿顾客的准备

图1-1-7

● 操作示范　图1-1-7 贵重物品存放

● 操作说明　帮助顾客存放好外套、手提
　　　　　　包及贵重物品。有条件的场
　　　　　　所，顾客的物品应放进更衣
　　　　　　橱并上锁。

图1-1-8

● 操作示范　图1-1-8 更换美容服

● 操作说明　请顾客更换鞋子（条件允许的
　　　　　　情况下）。

　　　　　　请顾客换上专用美容服（若
　　　　　　没有条件也可不换，脱去外
　　　　　　套即可）。

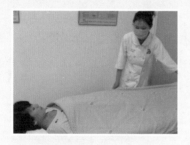

图1-1-9

● 操作示范　图1-1-9 盖上毛巾被（毯）

● 操作说明　协助顾客仰面躺在美容床上。
　　　　　　用一条干净的毛巾被（毯）从
　　　　　　胸到脚盖住顾客的全身，以
　　　　　　免其受凉。

　　　　　　将顾客的鞋置于美容床下。

● 操作示范　图1-1-10 摘下顾客饰物

● 操作说明　为了避免在使用电疗仪器护理时
　　　　　　发生意外，应告知顾客将身上所
　　　　　　佩戴的饰物，如戒指、项链、手
　　　　　　镯等取下，并检查确认。

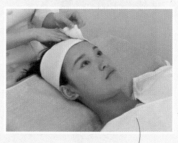

图1-1-11

● 操作示范　图1-1-11 为顾客包头

● 操作说明　在美容护理前应将顾客的头发和衣襟保护好，
　　　　　　以便操作。

　　　　　　包头最常用的是毛巾，也可用一次性头罩、宽
　　　　　　边发带。有时为了不破坏顾客的发式，还可用
　　　　　　2~3个鸭嘴夹，从两侧将头发卡住。

图1-1-10

🎯 重点突破

美容"三巾"使用方法介绍

在实施面部美容护理过程中，为了避免污染顾客的头发、衣服和美容床头，需要用三条毛巾分别将顾客的头部、前胸以及美容床头包盖起来。

图1-1-12　美容"三巾"

"三巾"（图1-1-12）中的第一块毛巾是垫在顾客的头下，用于保持美容床头的整洁；第二块毛巾是作为胸巾盖在顾客前胸部位，避免弄脏顾客衣领；第三块毛巾是用作包头巾，便于保护顾客的头发并操作方便。

熟练掌握"三巾"使用方法是美容师的基本功。一般情况下，全部操作过程要求在30秒之内完成。下面介绍美容"三巾"的用法。

美容"三巾"的使用方法

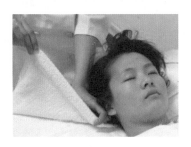

图1-1-13

● 操作示范　图1-1-13　第一条毛巾使用方法

● 操作说明　取一条毛巾垫放在美容床头，枕在顾客的头下，用于保持美容床的整洁。

图1-1-14

● 操作示范　图1-1-14　第二条毛巾使用方法

● 操作说明　取一条毛巾斜放在顾客胸前。远处的一端向颈部反折过来，毛巾呈"V"字形遮盖在顾客前胸。

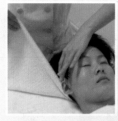 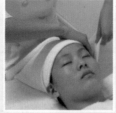 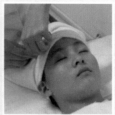 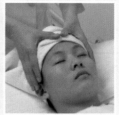

图1-1-15

● **操作示范** 图1-1-15 第三条毛巾使用方法

● **操作说明** 双手持毛巾的一个宽边向外折2~3厘米的边，置于顾客头下。

　　折边在下，且与顾客后发际线平齐。

　　左手全掌顺顾客右额头将右侧头发捋到脑后，右手将毛巾右角从耳后沿发际压住头发拉至额部。

　　同样的方法拉起毛巾左角，压在右角上并塞入毛巾右角折边中。

　　双手拇指、食指扣住毛巾边缘，轻轻将边缘移至发际处。

 任务评价

　　同学们两两配对，以小组为单位，进行美容师服务前的准备工作各个步骤的训练，并按照下列表格进行评比。

准备工作

评价内容		内容细化	配分	评分记录			
				学生自评	组间互评	教师评分	总分
1	美容师自身的准备	仪容仪表	10				
		消毒双手	10				
2	工作区域的准备	环境氛围	10				
		美容床位	10				
		美容仪器	10				
		用品用具	10				
3	安顿顾客的准备	请顾客更换服装、鞋	10				
		存放贵重物品、摘下首饰	10				
		"三巾"的使用	10				
		盖上毛巾被（毯）、鞋子归位	10				

注：建议训练时同学自由配对，考核时同学随机配对。

任务二　美容用品用具识别

　　"工欲善其事，必先利其器"，了解各种常用的美容用品用具，并能够在美容护理中合理使用，是一个现代美容师必须掌握的技能，更是高效开展工作的必不可少的物质前提。

美容护理常用品一览表

图1-2-1

● 操作示范　图1-2-1 准备盆、洗面海绵、小碗、刮板、毛刷

● 操作说明　盆用于盛水，清洗皮肤。

　　洗面海绵用于擦洗洁面品、按摩膏、面膜等。

　　小碗、刮板、毛刷用于盛取、搅拌面膜粉，且在皮肤上刷抹面膜等。

图1-2-2

● 操作示范　图1-2-2 准备棉片、棉签、纸巾

● 操作说明　棉签用于卸妆或进行其他护理中的擦拭皮肤细微部位。

　　棉片与纸巾用于擦抹、遮盖五官或蘸取液态护肤品。

图1-2-3

● 操作示范　图1-2-3 准备暗疮针、酒精棉球

● 操作说明　暗疮针用于处理粉刺、暗疮等。

　　酒精棉球用于美容护理程序中的消毒。

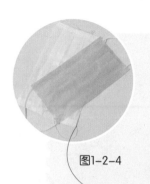

图1-2-4

- 操作示范 图1-2-5 准备毛巾类用品

- 操作说明 用作包头巾、胸巾等。

图1-2-5

- 操作示范 图1-2-4 戴口罩

- 操作说明 防止口中的飞沫、随喘气出来的液滴喷溅到顾客脸上，保护双方的健康。

图1-2-6

- 操作示范 图1-2-6 准备一次性美容床单

- 操作说明 一次性用品。采用透气性强，能够自然降解的无纺布做成，能够与皮肤直接接触，卫生安全。

图1-2-7

- 操作示范 图1-2-7 准备美容工作服、鞋

- 操作说明 工作服是为工作需要而特制的服装，有全身心地投入到工作中去的心理暗示作用，同时也展现统一的美。

图1-2-8

- 操作示范 图1-2-8 准备美容袍

- 操作说明 让顾客换上一件齐胸的美容袍，是为了方便颈部的护理。

● 操作示范　图1-2-9 准备消毒柜

● 操作说明　紫外线消毒柜：对各种工具、用品、器械进行消毒，确保卫生。

紫外线毛巾消毒柜：对毛巾进行蒸汽消毒和保温保湿，确保卫生。

图1-2-9

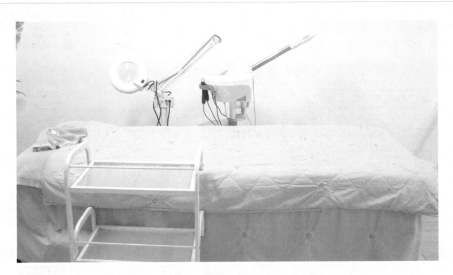

图1-2-10

● 操作示范　图1-2-10 准备美容推车、喷雾仪、冷光放大镜、美容床、美容床套

● 操作说明　美容推车用于盛放皮肤护理过程中所需要的护肤品及各种工具。

喷雾仪能起到消毒杀菌、平衡油脂、美白补水等作用。

冷光放大镜能够更清晰地观察皮肤纹理，令问题肌肤的状况明晰化。

美容床独特的结构设计有助于美容美体过程中身体的各种角度、方位的要求，便于美容师进行相应的操作。

美容床套是用于遮盖美容床具以防尘污，兼有装饰作用的织物。

 任务拓展

功能各异的美容床

美容床也称为美容椅，是美容院的基础设备之一。美容床是做面部护理时供顾客躺坐的美容专业设备。最早的美容床为简单、便宜的懒式椅子，现在已经被专业的美容（美体）床替代。随着美容业的不断发展，还出现了更多、更先进、功能更为齐备的美容床。

请同学们课后查找资料，列举出三种功能各异的美容床，制作成PPT，在下节课中与同学们分享。

_____

_____

 相关链接

美容院服务参考流程

美容院皮肤护理的实施是非常严谨、科学的一项工作，必须严格按照程序和计划去做。员工必须清楚自己的岗位职责及相互之间的衔接与配合，才能确保护理计划的正常执行。美容院服务参考流程如图1-2-11所示。

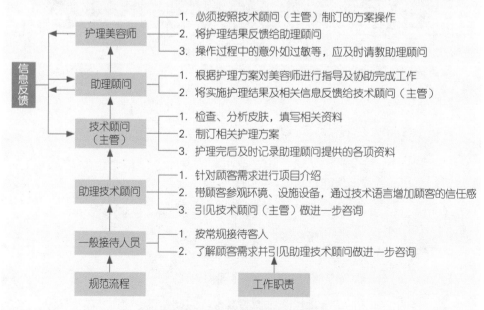

图1-2-11　美容院服务参考流程

任务三　美容师手部训练操

美容师在为顾客进行按摩时既要做到灵活地适应人体各部位的变化，又要根据体表所在位置及状态的不同，调整按摩的手法及力度，并保持平稳的节奏。这一切都是依靠有规律的手臂、手腕、手指的运动来实现的。故美容师的双手必须具有良好的灵活性与协调性，切忌僵硬、呆板，练习下列十节手部训练操，将有利于手部的训练。

手部训练操顺序图

图1-3-1

● **操作示范**　图1-3-1 数手指

● **操作说明**　小臂前伸，手心向下，收食指、中指、无名指、小指，再依次从小指至大拇指放开，反复动作。

手指灵活，促进血液循环。

图1-3-2

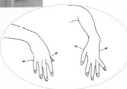

● **操作示范**　图1-3-2 甩手

● **操作说明**　两臂相对弯曲，前臂平端，十指指尖向下，掌心朝向自己，双手在胸前做快速上、下及左、右甩动。

可促进手部血液循环，活动腕部关节。

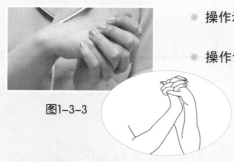

图1-3-3

● 操作示范　图1-3-3 旋腕

● 操作说明　两臂相对弯曲，十指相互交叉对握，分别向前、后、左、右旋转。

活动腕关节，增强手部灵活性。

图1-3-4

● 操作示范　图1-3-4 "抛球"

● 操作说明　两臂自然弯曲，上臂保持下垂，前臂向上抬起，双手微握拳，想象手中各紧握一个小球，甩动前臂，用力将想象中的小球"抛出"。当"抛出"时，手指尽力张开向手背方向绷紧。

如此反复多次，可抻拉掌部韧带，活动手指、指掌手腕关节，使之强健有力。

图1-3-5

● 操作示范　图1-3-5 双手对位

● 操作说明　双手十指相互交叉于指根部。右手微握拳，五指自指根部将左手指卡紧，用力带向左手指尖。多次反复后，左右手交换。

如此训练，可促进血液循环，保持良好手形。

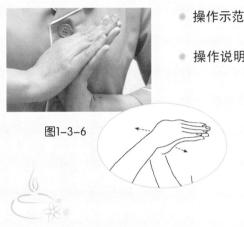

图1-3-6

● 操作示范　图1-3-6　双掌对推

● 操作说明　大臂抬起，前臂放平，双手指尖向上，在胸前合十。右手手指部位用力将左手手指尖有节律地推向左手手背方向数次后，左右手交换。如此交替左右推掌。

运动双手手掌、手腕部，并抻长韧带，增加手的灵活性。

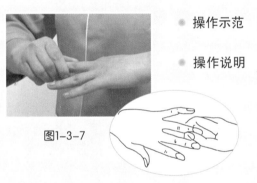

图1-3-7

● 操作示范　图1-3-7　按摩手指

● 操作说明　先用右手按摩左手手指，从大拇指开始，由指根到指尖，再用左手按摩右手，十个手指全部按摩到。

此项训练可促进血液循环，令手指更加柔软灵活。

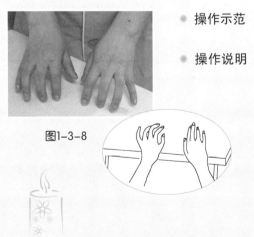

图1-3-8

● 操作示范　图1-3-8　多指交替点击

● 操作说明　双手手指自然弯曲，十指指尖点于桌面（或膝盖部）。分别由大拇指开始至小指依次快速点击桌面（或膝盖部），然后返回。在点击时，十指力度、速度均匀，并逐渐加快速度。

如此反复训练，可锻炼手指间的协调性。

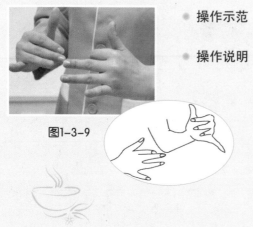

图1-3-9

● 操作示范　图1-3-9　正向轮指

● 操作说明　双手指掌关节微曲，手指绷直。
在向尺侧稍旋腕的同时，从食指
依次至小指，分别带向掌心的瞬
间，以指腹着力，点弹在物体的
同一点上。此后，食指至小指均
收入掌心，呈握拳状，大拇指仍
伸向手背部。

如此反复，可训练手指和指掌关
节的灵活性及手指间的协调性。

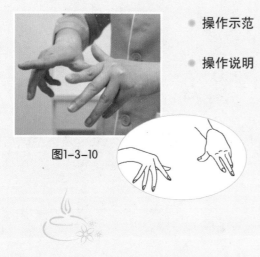

图1-3-10

● 操作示范　图1-3-10　反向轮指

● 操作说明　双手手指关节微曲，指掌绷直。
在向桡侧旋腕的同时，从小指依
次至食指，分别带向掌心的瞬
间，以指腹着力，点弹在物体的
同一点上。此后，小指至食指均
已收入掌心，呈握拳状，大拇指
仍伸向手背部。

如此反复，可训练手指和指掌关
节的灵活性及手指间的协调性。

美容师纤手韵律操

✂ **任务拓展**

练手操　配音乐

　　此套十节手部训练动作，简单易掌握，不受场地、时间限制。每日练
习2~3次，长此以往对训练手指的灵活性、协调性及保持手形，都会起到良
好的作用。要坚持哦！

　　为了使训练更有趣味，更有情感气氛，请同学们课后选择一首背景音
乐，要求音乐的情绪、节奏与美容师纤手韵律操同步，下次课堂上分享。

 相关链接

护肤要学会用"美容指"

"美容指"即中指及无名指。相对而言，它们是最笨的，尤以无名指最甚。就因为它们相对其他手指不灵活，所以美容界将它们统称为"美容指"。

中指和无名指指肚最为饱满，也是最长的指部，特别是无名指，因为使用的频率最少，力度也最小，指肚最为柔软，力道也是最轻的。而我们的脸上肌肤仅仅是身上肌肤的四分之一厚度，因此我们要尽量地用轻柔的手指、尽可能地用温柔的手法去对待我们脸上的肌肤。

 任务评价

全班分为两大组，组长带领做课前五分钟手操练习，并进行评比。

评价内容		内容细化	配分	评分记录			
				学生自评	组长评分	教师评分	总分
1	训练时态度	能否快速进入状态	20				
		有无讲话或开小差	20				
2	训练时动作	动作是否完整	20				
		动作是否熟练	20				
		有无节奏韵律感	20				

项目总结

社会经济和美容服务业的迅猛发展，对美容师的培养提出了新的要求。本项目主要介绍了与美容师护理实操有关的准备工作，包括护理前的准备工作、美容用品用具识别、美容师手部训练操等，这些知识与技能看似简单，没有太多的技术含量，但我们万万不可疏忽，否则后面的工作就会杂乱无章、手忙脚乱了。

希望通过本项目的系统学习，结合教学实践，同学们能深入理解、刻苦训练、融会贯通、熟练掌握。

📋 项目实训

一、判断题（下列判断正确的请打"√"，错误的打"×"）

1. 美容师的准备工作分为两部分：美容师自身的准备和安顿顾客的准备。
（　　）

2. 在实施面部美容护理过程中，为了避免污染顾客的头发、衣服和美容床头，需要用三条毛巾分别将顾客的头部、前胸和美容床头包盖起来。
（　　）

3. 紫外线消毒柜的作用是对各种工具、用品、器械进行消毒，确保卫生。
（　　）

二、单项选择题（下列每题的选项中，只有一个是正确的，请将正确的代号填在横线空白处）

1. 美容师应按照卫生规范洗手，并用2~3粒浸有 _____ 浓度酒精的棉球对双手进行消毒。

A. 15%　　　　　B. 45%　　　　　C. 75%　　　　　D. 95%

2. 美容师在实施面部护理时，为了避免在 _____ 时发生意外，应告知顾客并将身上所佩戴的饰物，如戒指、项链、手镯等取下，并检查确认。

A. 卸妆清洁　　　　　　　B. 面部按摩

C. 敷涂面膜　　　　　　　D. 使用电疗仪器

3. _____ 能对毛巾进行蒸汽消毒和保温保湿，确保卫生。

A. 红外线消毒柜

B. 紫外线消毒柜

C. X射线消毒柜

D. γ射线消毒柜

三、看图说话题

图1是世界技能大赛美容项目比赛现场，请问推车上的物品是按照怎样的顺序摆放的？

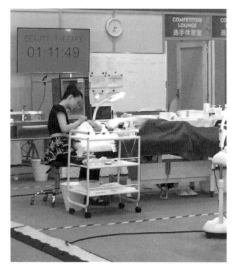

图1

四、社会调研题

为了保持身体协调性与锻炼体能，美容师常常要做纤手韵律操、手撑墙、扎马步等训练。请调查美容院还有哪些体能训练项目。

项目反思

日期：　　年　月　日

项目二

面部清洁

放学回家，李瑛看到妈妈手上拿着一罐东西在研究。李瑛妈

妈，42岁，文艺工作者，平日经常化妆，也较注重保养。在家中

使用面膜、爽肤水、乳液等美容用品。妈妈想让李瑛问问老师：

第一，她的皮肤可否进行去角质护理？

第二，选择何种方法？去角质频率如何选择？

着手的任务是

• 会面部重点部位卸妆操作

• 会洁面规范操作

• 会正确使用去角质产品

我们的目标是

• 掌握面部卸妆的规范操作

• 掌握洁面的技巧

• 熟悉面部脱屑的规范操作

任务实施中

任务一　卸　妆

现代社会，化妆已经成为部分女性生活工作的重要内容。化妆品长期滞留在脸上会堵塞毛孔。针对化妆部位将面部的化妆品清卸干净，有助于后续护理工作的开展。

卸妆是清洁皮肤的第一步，即将面部残留的彩妆，如眼影、睫毛膏、唇彩、腮红等彻底清除。卸妆时须利用卸妆液、洁面霜等卸妆产品去除面部彩妆，不能用一般洗面奶代替。由于眼部皮肤较薄嫩，应特别选用去污力强而无刺激性的眼部卸妆液来清卸眼部的彩妆。卸妆的操作顺序主要包括：

眼部卸妆　→　眉部卸妆　→　唇部卸妆　→　双颊卸妆

卸妆操作步骤与方法

卸妆

图2-1-1

- **操作示范**　图2-1-1　眼部卸妆——卸睫毛膏

- **操作说明**　将消毒棉片对折，分别横放在顾客下眼睑睫毛根处，且让顾客闭上双眼。

　　一手按住棉片，另一手用蘸有卸妆液的棉签，顺着睫毛生长的方向由睫毛根部往睫毛梢部滚抹，将睫毛膏推到棉片上，反复几次，以清除睫毛上的睫毛膏。

　　用大拇指和食指夹住棉片，撤离眼部下方，让顾客睁开眼睛。

　　另一侧眼部睫毛膏以同样方式清洁。

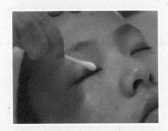

图2-1-2（1）

- 操作示范　图2-1-2（1）
　　　　　　眼部卸妆——卸上眼线

- 操作说明　更换新棉签，蘸上少许卸妆液，
　　　　　　将上眼皮往上提，让眼线部位充
　　　　　　分暴露，从内眼角向外眼角平
　　　　　　拉，清除上眼线。

　　　　　　另一侧上眼线以同样方式清洁。

图2-1-2（2）

- 操作示范　图2-1-2（2）
　　　　　　眼部卸妆——卸下眼线

- 操作说明　下眼皮略向下拉，用蘸有卸妆液
　　　　　　的棉签从内眼角向外眼角平拉，
　　　　　　清除下眼线，然后用干棉签擦去
　　　　　　残留的卸妆液和污迹。

　　　　　　另一侧下眼线以同样方式清洁。

图2-1-3

- 操作示范　图2-1-3　眉部卸妆

- 操作说明　将两块蘸有卸妆液的棉片盖在眼
　　　　　　部和眉部，由内眼角向外眼角拉
　　　　　　抹至太阳穴轻按。

　　　　　　至太阳穴后翻转棉片擦拭。

　　　　　　可更换棉片，反复几次，直至清
　　　　　　洁干净。

图2-1-4

● **操作示范**　图2-1-4 唇部卸妆

● **操作说明**　将蘸有卸妆液的棉片对折放在嘴角抹口红处。

左手按住左嘴角稍向左边拉紧，以展开唇部皱纹，右手持棉片从上嘴唇左侧拉抹到右侧，棉片经折叠后停在右嘴角处。

右手按住右嘴角稍向右边拉紧，以展开唇部皱纹，左手持棉片从下嘴唇右侧拉抹到左侧，棉片经折叠后停在左嘴角处。

双手持棉片同时相向抹向唇珠部位，并撤离唇部。操作时注意勿将口红抹在唇周皮肤上。

● **操作示范**　图2-1-5 双颊卸妆

● **操作说明**　手持两块蘸有卸妆液的棉片，按照涂抹腮红的手势清除腮红。

可更换棉片，反复几次，直至清洁干净。

图2-1-5

 注意事项

1. 不同部位应使用不同的专业卸妆产品，不可随意替代。
2. 卸妆需要彻底。
3. 眼部、唇部皮肤敏感，动作宜轻柔。
4. 注意避免卸妆产品流入眼或口中。

 相关链接

多姿多彩的卸妆品

卸妆水：不含油分，根据不同的配方分为弱清洁和强力清洁两大类。前者用来卸淡妆，使用后感觉十分清爽；后者适合卸浓妆，但容易使肌肤干燥，问题肌肤不宜长期使用。

图2-1-6 常用卸妆品

卸妆乳：乳状质地，是容易涂抹的卸妆品。使用后很容易用纸巾或水清理干净，适合中度化妆或者特殊情况临时使用。

卸妆油：基本成分为矿物油、合成脂或植物油，适用任何肤质。这类产品除了可将化妆品溶解，还能深层清洁毛孔，适合卸浓妆。

任务拓展

寻找不用卸妆油也能卸妆的小窍门

卸妆一定要用卸妆油吗？很多人可能不知道，其实，卸妆并不见得非要用上乘的卸妆产品，一些非卸妆品比如润唇膏、润肤乳，甚至是卸甲油、婴儿油、婴儿润肤巾，同样都是平日里卸妆的好帮手。课后查找相关资料，说说不用卸妆油也能卸妆的应急小窍门。

_____

_____

_____

_____

_____

_____

_____

_____

任务二　洁　面

　　在对顾客脸部重点部位彩妆卸除之后，要进行整个脸部的清洁，即洁面。洁面就是将面部皮肤的分泌物、附着在皮肤表面的灰尘和细菌清洗干净。

　　洁面分两步：使用洁肤品和清洁洁肤品。

一、使用洁肤品

　　使用洁肤品揉洗面部各部位的操作步骤一般遵循由上向下、由内向外的原则，依次为额部、眼周、鼻部、双颊、口周、下颌、脖颈。

　　使用洁肤品揉洗操作步骤与方法如下所示。

使用洁肤品揉洗操作步骤与方法

洗面

图2-2-1

● **操作示范**　图2-2-1 取用洁面乳

● **操作说明**　取适量（一元硬币大小）洁面乳在左手手背虎口上或倒入消过毒的容器内。

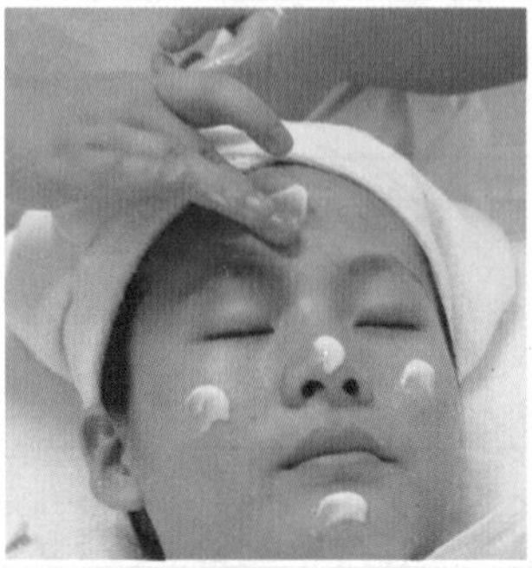

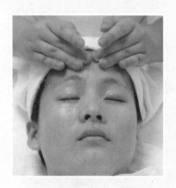

图2-2-2

● **操作示范**　图2-2-2 放置洁面乳

● **操作说明**　右手美容指并拢，用其指腹将洁面乳分别放置于顾客的5个平面点（即前额、双颊、鼻头、下颌），并轻轻抹开。

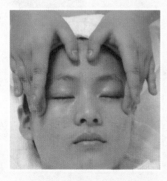

图2-2-3

● **操作示范**　图2-2-3 清洁额部

● **操作说明**　双手竖位。双手美容指从眉心开始向两侧打圈至太阳穴。如此反复数次。

图2-2-4

● **操作示范**　图2-2-4 清洁眼周

● **操作说明**　双手横位。双手美容指指腹从太阳穴开始，沿下眼眶、眉头、上眼眶、太阳穴反复抹圈清洗；当抹至鼻两翼时，无名指抬起，只由中指单独拉抹至眉心；然后中指、无名指迅速并拢，继续沿眼周抹圈清洗。

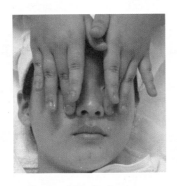

图2-2-5

● **操作示范**　图2-2-5　清洁鼻部

● **操作说明**　双手竖位。当中指指腹拉抹
至眉心处时，双手大拇指交
叉，用中指指腹沿鼻的两翼
上下推拉数次。

用大拇指轻扫鼻梁，揉洗
鼻翼。

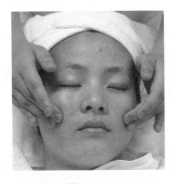

图2-2-6

● **操作示范**　图2-2-6　清洁双颊

● **操作说明**　接上节手位。此部位面积最
大，可用双手除大拇指以
外的四指指腹进行操作。走
三线打小圈，分别以下颌中
部、两嘴角、鼻翼为起点，
大致分3行分别向耳根、耳
中及耳上部进行打圈清洁。

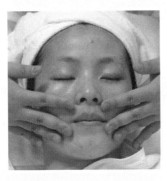

图2-2-7

● **操作示范**　图2-2-7　清洁口周

● **操作说明**　双手横位。中指与无名指分
开，同时推向上嘴唇外侧和
下嘴唇外侧，其中中指指腹
推向上嘴唇外侧，无名指指
腹推至下嘴唇外侧。然后，
两手指以相同的路线拉回嘴
角处。最后美容指并拢，用
其指腹推摩向下颌中部，反
复推摩清洁口周。

护肤
技术 上

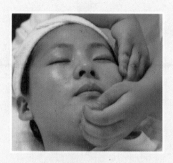

图2-2-8

● 操作示范　图2-2-8 清洁下颌

● 操作说明　双手横位。右手五指并
拢，全掌着力，从左侧
耳根拉抹到同侧耳根
点；换手以同样的手法
反复交替数次。

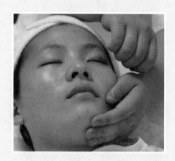

图2-2-9

● 操作示范　图2-2-9 清洁脖颈

● 操作说明　双手横位。五指并拢，
全掌、指着力，交替从
颈部拉抹至下颌，清洁
颈部皮肤，如此反复
数次。

 注意事项

1. 重复以上步骤2~3遍，直至洁面乳充分与面部皮肤接触。

2. 操作时应注意动作轻柔、快速，洁面乳在皮肤表面停留时间不宜过
长，一般以3分钟为宜。

3. 按摩时，应按照面部皮肤纹理方向进行操作，注意每一个动作之间
的衔接动作应以轻快的安抚为主。

4. 避免清洁产品进入顾客的口、鼻、眼、耳内。

 相关链接

手位约定

手横位：双手指尖相对，手指平行于两眼的连线。

手竖位：双手指尖向下，手指垂直于两眼的连线。

二、清洁洁肤品

当替顾客清洁洁肤品时，美容师一般手持洁面巾或洗面海绵用清水洗面，其顺序是眼眉部、唇部、前额、面颊、鼻部、脖颈，最后收手于太阳穴。

清洁洁肤品操作流程表

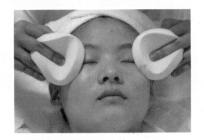

图2-2-10

● **操作示范**　图2-2-10 清洗眼眉部

● **操作说明**　先从眼部开始，双手持洗面海绵平放于眼部，在睛明穴处轻按，然后由内向外擦抹至太阳穴处轻提。

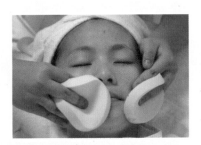

图2-2-11

● **操作示范**　图2-2-11 清洗唇部

● **操作说明**　先用一只手持洗面海绵按住一边嘴角固定，再用另一只手持洗面海绵在唇上擦抹至对侧嘴角处轻提，然后换手从另一边嘴角开始重复上述动作。

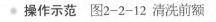

图2-2-12

● **操作示范**　图2-2-12 清洗前额

● **操作说明**　双手持洗面海绵平放于额头，从眉心向太阳穴擦抹，至太阳穴按后上提。

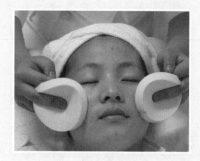

图2-2-13

- 操作示范　图2-2-13 清洗面颊

- 操作说明　双手持洗面海绵在面颊部按鼻翼两侧至太阳穴、嘴角两侧至听宫穴、下颌至耳后翳风穴，做大面积清洁。

图2-2-14

- 操作示范　图2-2-14 清洗鼻部

- 操作说明　双手持洗面海绵从鼻根部开始，向下沿鼻梁两侧清洗，到鼻翼部位向上嘴唇方向滑动。

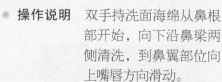

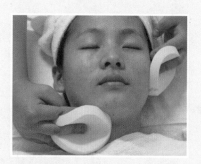

图2-2-15

- 操作示范　图2-2-15 清洗脖颈

- 操作说明　双手持洗面海绵，由颈前中线开始向两侧斜上方滑动，洗净颈部。

注意事项

1. 洗面海绵每擦完一面要换另一面，每做一个动作后，都要用清水清洗，不可反复使用。

2. 每个动作都要沿面部肌肉走向擦洗，不可上下反复。

3. 清洗时，为了让顾客感到舒适、轻松，双手、洗面海绵尽量保持一定温度。

4. 清除洗面奶时，海绵中的水应适度，不可将水滴在顾客的脸上。

5. 清洗要干净，应及时换掉脏水。

6. 清洁面部之后应及时爽肤，调节皮肤的pH值。

 相关链接

清洁皮肤时"水"的选择

清洁皮肤是护理健美皮肤的关键，既要清洁到位又不能伤害皮肤。在洁肤时，特别要注意清洁水的选择。

1. 水质的选择。自然界的水有软水和硬水两大类，清洁皮肤选择的水应该是软水。软水是指不含或含少量可溶性钙盐、镁盐的水，性质温和，对皮肤无刺激，如自来水、蒸馏水等；硬水是指含有钙盐、镁盐较多的水，长期使用会使皮肤脱脂、干燥，不适宜清洁皮肤使用。

2. 水温的选择。适当的水温是清洁皮肤的重要条件，水过冷或过热对皮肤都不利。过热的水能彻底清除皮肤保护膜，易使皮肤松弛、毛孔增大，如果油分洗掉过多也会加速皮肤的老化。如果常用较低温度的水洗脸，又会使皮肤毛孔紧闭，无法洗净堆积于面部的皮脂、尘埃及残留物等污垢。因此，正确的方法是用35℃的温水洁面，然后用冷水冲洗。

重点突破

面巾纸、清洁棉片、洗面海绵的使用手法

美容护理过程中，特别强调手法。美容护理的清洁品很多，但它们的使用都有各自约定俗成的规定，下面介绍面巾纸、清洁棉片、洗面海绵的使用方法。

面巾纸、清洁棉片、洗面海绵的使用手法

图2-2-16

● **操作示范**　图2-2-16 面巾纸的缠绕方法

● **操作说明**　将面巾纸对折成三角形。

　　　　　　　掌心向下，用食指和中指夹住面巾纸。

　　　　　　　将面巾纸上端向下绕过食指、中指、无名指，然后在无名指与小指间，将纸巾的另一角向上卷起。

　　　　　　　用中指按住面巾纸的一角。

　　　　　　　将长出手指的纸巾部分向手背折下，并用中指压住固定。

　　　　　　　缠绕要求：整齐、牢固、迅速。全部缠绕过程应在5秒内完成。

　　　　　　● **操作示范**　图2-2-17 清洁棉片（小）的缠绕方法

　　　　　　● **操作说明**　将棉片剪成5~7厘米的长方形小片，浸水攥干后待用。

　　　　　　　　　　　　手掌向上，用小指和食指夹住棉片。

　　　　　　　　　　　　将棉片包住中指与无名指。

图2-2-17

图2-2-18

● **操作示范**　图2-2-18 清洁棉片（大）的缠绕方法

● **操作说明**　将棉片剪成15~17厘米长度。

　　　　　　　将棉片对折后，从上至下绕过食指、中指、无名指，在无名指与小指间将长出的棉片向手背部翻折。

　　　　　　　用中指夹住固定。

● **操作示范** 图2-2-19 洗面海绵的使用方法   图2-2-19

● **操作说明** 洗面海绵是最普遍使用的洁面擦拭工具。在操作中，应注意以下几点。

将洗面海绵浸入水中拿出拧干后，双手还会留有一些水滴，此时切不可将水滴随意甩掉。擦双手水滴正确的方法是：交替将一手手背叠入另一持洗面海绵手掌中，用其掌中洗面海绵将其叠入一手手背上的水滴擦去。

擦拭面部较狭窄的部位，可将洗面海绵折叠使用。

每一位顾客所使用的海绵，均应是经过彻底消毒的干净海绵。

洗面海绵用后，立即清洗、消毒。

 任务评价

同学两人为一小组，实施面部皮肤的卸妆、清洁操作训练，并进行评比。

评价内容	内容细化	配分	评分记录			
			学生自评	组间互评	教师评分	总分
用品选择	用品选择是否妥当	10				
顺序规范	前后顺序是否规范	20				
手法娴熟	手法是否熟练流畅	40				
动作齐全	规定动作是否齐全	20				
效果显著	能否产生明显效果	10				

 任务拓展

小调查

我们从小就在洗脸，每天都在洗脸，洗脸在生活中很普遍。然而，如果脸没洗干净或者洗脸的方式不正确，就会给我们的肌肤带来很糟糕的后果。如果有人问你："你会洗脸吗？"你肯定会嗤之以鼻地说："谁不会。"但是大家真正了解正确的洗脸方法吗？看似再普通不过的问题，真的有那么简单吗？看似平常的日常小动作，其中有不少诀窍。你平时是怎么洗脸的呢？用什么洁面品呢？快来分享一下吧。

任务三 脱 屑

脱屑即去角质或去死皮，是在面部清洁、热敷之后，使用磨砂膏或去角质膏（液）等清洁产品，借助人工方法，帮助去除堆积在皮肤表层老化或死亡的角质细胞。

脱屑不但可以改善肤色、肤质，而且还能刺激血液循环，因此是保养皮肤的重要环节。脱屑分为自然脱屑、物理性脱屑和化学性脱屑三种。

一、自然脱屑

由于新陈代谢的作用，皮肤最外层的角质层老化死亡细胞会不断地脱落，由新细胞来补充，这是一个自然的生理过程。但由于受机体衰老或健康状况、环境等多种因素的影响，皮肤的新陈代谢会随着年龄的增长而逐渐减缓，致使老化、死亡细胞脱落过程缓慢，这些坏死细胞在皮肤表面堆积并逐渐干燥，使皮肤变得粗糙、起皮屑。而粗糙不平的皮肤表面在荧光下形成阴影，使皮肤看起来暗淡无光泽。此时，借助机械或化学的方法去除老化、死亡细胞，可促使表皮加速产生新的细胞去替代老化、死亡细胞。

自然脱屑是由皮肤自身正常的新陈代谢来完成的。表皮细胞由基底细胞逐渐生长到达皮肤表层，变为角化的死细胞，一般需要28天左右。

二、物理性脱屑

物理性脱屑是指使用物理的方法使角质层老化或死亡的细胞发生移位和脱落。例如利用磨砂膏中细小的颗粒或电动磨面刷与皮肤摩擦，使附着在皮肤表面角质层老化或死亡细胞脱落。但这种方法对皮肤的刺激较大，尽量少用。

使用去角质膏操作步骤

图2-3-1

- 操作示范   图2-3-1

- 操作说明   本操作宜在用喷雾机蒸脸或用热毛巾敷脸，软化皮肤表面老化、死亡细胞后进行。

  选择适合的产品如含有颗粒的去角质膏。

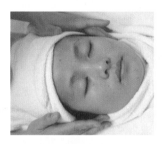

图2-3-2

- 操作示范   图2-3-2

- 操作说明   将毛巾或纸巾放于顾客面部周围，用来接住剥落下来的小颗粒。

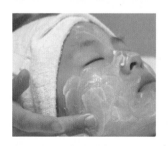

图2-3-3

- 操作示范   图2-3-3

- 操作说明   洗面奶彻底洗面之后，将去角质膏均匀涂于前额、鼻尖、双颊、下颌。

- 操作示范   图2-3-4

- 操作说明   用双手中指、无名指指腹打圈的方式揉按前额、鼻部、双颊、嘴周、下颌。

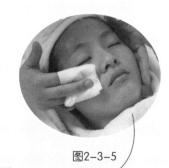

图2-3-5

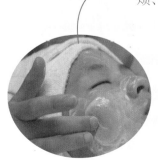

图2-3-4

- 操作示范   图2-3-5

- 操作说明   清水洗净面部，并蘸取化妆水轻拭面部。

三、化学性脱屑

化学性脱屑是将含有化学成分或植物成分（如木瓜蛋白酶、果酸等）的去角质膏、去角质液涂于皮肤表面，软化或分解皮肤表面角质层老化或死亡细胞，从而达到去角质的作用。此法适用于正常皮肤。

去角质

使用去角质膏操作步骤

图2-3-6

- 操作示范　图2-3-6

- 操作说明　本操作宜在用喷雾机蒸脸或用热毛巾敷脸，软化皮肤表面老化、死亡细胞后进行。

  选择适合的产品如含有果酸或木瓜蛋白酶成分的去角质膏。

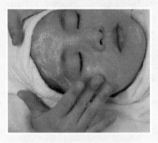

图2-3-7

- 操作示范　图2-3-7

- 操作说明　用右手美容指将去角质膏均匀地涂抹在面部，留出眼睛、鼻孔、嘴唇的间隙，并用手指按压。

  停留5~8分钟（或根据产品说明所规定的时间停留），直到不黏为止。不要让去角质膏完全干掉，否则难以清除。

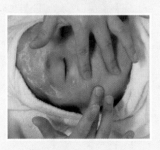

图2-3-8

- 操作示范　图2-3-8

- 操作说明　左手食指、中指将面部局部皮肤轻轻绷紧，右手食指、中指指腹从下巴开始自下而上拉抹，一直向上移动至面颊、额头部位。上唇、鼻子部位，用美容指向外拉抹，不要过度牵拉皮肤。

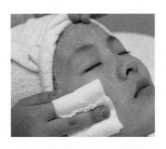

● **操作示范**　图2-3-9

● **操作说明**　用清水将残留在面部的去角质膏彻底洗净，并蘸取化妆水轻拭面部。

图2-3-9

🔺 注意事项

1. 去角质并非将皮肤表面的角质层全部去除，而是去掉皮肤表面老化或死亡的角质细胞。所以，不能过于频繁地进行去角质护理。

2. 在去角质之前，一定要彻底清洁皮肤，并做蒸脸，使皮肤表面老化、死亡的细胞软化，这样更易于清除。去角质的间隔时间可以根据季节气候、皮肤状况而定，不可过勤，以免损伤皮肤。正常皮肤每月1~2次，干性及问题性皮肤一定要视皮肤需求而定。

3. 手法要轻柔，眼睛周围禁止用磨砂膏或涂抹去角质产品。

4. 磨砂膏对皮肤刺激较大，使用不宜频繁。

5. 脸上的磨砂膏务必清洗干净，以免影响后续护理项目的进行。

🔗 相关链接

皮肤上的三层"垃圾"

人的皮肤上会聚集着三层"垃圾"：第一层是灰尘、皮肤分泌物及化妆品残留的混合物；第二层是毛孔、皮沟中的污垢；第三层则是皮肤新陈代谢产生的生物"垃圾"，即角质层的死亡细胞。通常的洗脸洁肤只能去除两层"垃圾"，而无法将皮肤新陈代谢所产生的生物垃圾去掉，而这层生物垃圾堆积过厚，不仅会影响皮肤的细嫩度及白皙度，而且还会影响皮肤的吸收。因此，从某种意义上来说，去除皮肤表层的死皮，是真正意义上的深层清洁。

重点突破

热毛巾敷面

　　脱屑前，一般先蒸脸，可使毛孔张开，有利于毛孔内深层污垢的清除。在没有美容喷雾仪的时候，我们可以用热毛巾敷面的方法来替代。方法是：准备3~5条已经彻底消毒的干净毛巾，交替使用。最好选择质地较厚，不易散热的毛巾，毛巾的大小以能覆盖整个面部为宜。热毛巾敷面操作步骤如下：

热毛巾敷面操作步骤

图2-3-10（1）

- **操作示范**　图2-3-10（1）　毛巾加热

- **操作说明**　将毛巾对折后卷成筒状。可浸湿后放入红外线消毒柜内，也可以将筒状毛巾放在热水龙头下加热。

　　　　　　　温度冬季选择50℃~55℃，夏季选择40℃~45℃。

- **注意事项**　将敷脸毛巾水分拧干，避免水流到顾客颈部。

　　　　　　　注意敷脸毛巾的温度不宜过高，以免烫伤顾客皮肤。

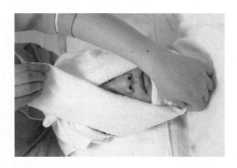

图2-3-10（2）

图2-3-10（3）

* **操作示范**　图2-3-10（2）　图2-3-10（3）

* **操作说明**　首先对折毛巾，毛巾的中点以下颌为支点包住整个下颌，然后毛巾两端反转沿脸轮廓叠压于额部，敷脸毛巾四周要服帖，须留出鼻孔利于呼吸。

　　　　　　　双手压住周边区域利于保温。两条毛巾交替使用，若有较多消毒毛巾，可以用4~5条一次性完成敷脸操作。

* **注意事项**　操作速度要迅速，动作要轻柔，注重衔接准确性。

　　　　　　　敏感皮肤、严重暗疮皮肤、皮下出血、创面皮肤等禁止热敷。热敷时间通常为5~8分钟，中性和干性皮肤为5分钟，油性皮肤为7~8分钟，粗厚晦暗皮肤为15分钟。

蒸脸

相关链接

美容喷雾仪的美容功效

1. 喷雾仪能促进血液循环，增加皮肤表层水分的含量。

2. 清除皮肤老化角质细胞及污垢。

3. 增加皮肤的通透性，利于皮肤吸收营养。

4. 促进新陈代谢，利于皮肤排泄。

5. 杀菌消炎，增强皮肤免疫功能。

图2-3-11　美容喷雾仪

 任务评价

同学两两配对为一组，且以小组为单位分别进行物理性、化学性脱屑操作训练（每项50分，共计100分），并进行评比。

评价内容	内容细化	配分	评分记录			
			学生自评	组间互评	教师评分	总分
准备工作	产品选择	5				
	毛巾准备	5				
去角质实操	手法正确（眼部、鼻部、额部、口周）	20				
	动作轻柔	5				
	节奏轻盈	5				
结束工作	清洗彻底	5				
	洗后滋养	5				

 任务拓展

不同年龄段如何去角质

我们在洗澡时，常常会发现身体上自然脱落一些乳白色软质物，这就是老化的角质，它随着沐浴时冲洗或揉搓身体而脱落。

随着年龄增长，这种脱落的过程会减缓，结果过多的角质就形成了粗糙干燥的表皮。因此，定期去角质是保持年轻肌肤不可缺少的一项工作。

查找资料，说说不同年龄段去角质的要领。

项目总结

面部皮肤长年累月地裸露在空气中。空气中飘浮着的污物、尘埃、细菌会吸附在皮肤表面，再加上皮肤自身分泌的油脂、汗液和代谢后产生的死细胞，如果不及时处理会影响皮肤正常生理功能的发挥，使皮肤肤色晦暗、肤质粗糙，甚至会引起皮肤过敏、发炎、痤疮及斑疹等皮肤病症。因此，使用清洁产品对皮肤进行清洁既是皮肤保养的开始，又是非常关键的一步。

面部皮肤清洁是护肤的基础，它是由重点部位卸妆、洁面、脱屑等几个步骤组成的。掌握了正确的洁肤方法，有利于皮肤的汗水及油脂排泄，既可达到洁肤的目的，又可促进护肤用品的渗透。

项目实训

一、判断题（下列判断正确的请打"√"，错误的打"×"）

1. 美容师在进行面部卸妆时，眼、唇部需用专门的眼唇卸妆液。（　　）

2. 在进行面部按摩操作时，美容师可以随心所欲，没有规定、要求。（　　）

3. 手横位：双手指尖相对，手指平行于两眼的连线。（　　）

4. 油性皮肤去角质每天1次，干性及问题性皮肤一定要视皮肤需求而定。（　　）

二、单项选择题（下列每题的选项中，只有一个是正确的，请将正确的代号填在横线空白处）

1. 美容师在洁面操作时应注意动作轻柔、快速，洁面乳在皮肤表面停留时间不宜过长，一般以_____分钟为宜。

A. 3　　　　　　　　　　B. 10

C. 15　　　　　　　　　 D. 20

2. 美容师一般手持洁面巾或洗面海绵用清水洗面，其顺序是眼眉部、唇部、前额、面颊、鼻部、脖颈，最后收手于_____。

A. 睛明穴　　　　　　　 B. 印堂穴

C. 太阳穴　　　　　　　 D. 攒竹穴

3. 表皮细胞由基底细胞逐渐生长到达皮肤表层，变为角化的死细胞，一般需要_____天左右。

A. 3　　　　　　　　　　B. 8

C. 18　　　　　　　　　 D. 28

三、简述题

下面两段话是世界技能大赛美容项目关于卸妆检查时的关键词，请你完整地陈述。

1. 裁判用三根棉签，分别检查粉底、睫毛、口红。粉底以中等力度在面部各部位平推一遍。睫毛由根部向外平推一遍，可继续来回横扫一遍。唇部绷紧嘴角，上下唇来回平推一至两遍。裁判以同样的标准检查所有模特。

2. 检查完毕，应两个裁判一起存放，每个选手三根，不能错号。

四、社会调研题

眼唇卸妆液品牌很多，请调研后，推荐两种性价比较高的产品。

 项目反思

项目三

皮肤检测

**情境
导入**

为完成老师布置的清洁皮肤的作业，李瑛分别找了表妹、妈妈、姑姑做模特。她发现三人的皮肤状态各不相同，表妹的皮肤红润细腻，妈妈的皮肤白净干涩，姑姑的皮肤比较油腻。人的皮肤为什么有这么大的差别？皮肤到底有几种类型？带着问题，李瑛回到了课堂……

我们的目标是

- 了解皮肤的结构
- 掌握检测皮肤的常用方法
- 掌握皮肤的分类

着手的任务是

- 学习皮肤的结构
- 学习检测皮肤的方法
- 学习判断皮肤类型

任务实施中

任务一 皮肤结构

皮肤是人体一层柔软、均匀、可延伸的保护膜。皮肤覆盖于人体的最表面，具有非常重要的作用。表皮有角质层和皮脂，既可避免化学刺激，又可防止水分蒸发，此外还含有黑色素，可抵御紫外线的损伤。真皮具有高度韧性，可防止机械损伤。皮肤内神经末梢丰富，能感受各种刺激。

皮肤的总重量约占人体重量的16%，总面积为1.5~2.0平方米，是人体最大的器官。

皮肤共分为三层：表皮层、真皮层及皮下组织。三层的总厚度为1.25毫米，每一层对维持皮肤的健康都扮演着重要的角色。见图3-1-1。

皮肤结构与常见的美容问题

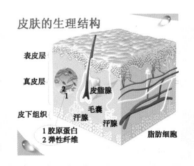

组织结构	作　用	与美容有关的现象
表皮层	表皮位于皮肤的最上层。厚度为0.1毫米，主要功能是更新细胞和细胞的新陈代谢的作用。其中： 角质层——起屏障保护作用； 透明层——控制皮肤水分； 颗粒层——防止异物侵入，过滤紫外线； 有棘层——分裂增殖新细胞； 基底层——产生新细胞的地方。	颗粒层——红血丝 基底层——黑色素
真皮层	真皮位于皮肤的中央层，含有胶原蛋白———种人体所需要的蛋白质，能使肌肤富有弹性，并增加其柔韧度及适应的能力。 另外，真皮还包含微细血管，神经、毛囊组织等，汗腺及皮脂腺。	胶原纤维、弹力纤维——皱纹
皮下组织	皮下组织为一层脂肪，可以保护上层的细胞，起到缓冲的作用，以预防外界的撞击。	毛囊堵塞、毛囊发炎——暗疮

图3-1-1 皮肤结构与常见的美容问题

 相关链接

新陈代谢

新陈代谢＝角化＋角解。健康的皮肤中，新的细胞与旧的细胞经常在替换，分别担当不同的重要职责。表皮经常反复地产生新的细胞，这称之为皮肤的新陈代谢。健康的肌肤约28天为一周期，重复生成新的细胞。这是健康美丽肌肤的基本，若是肌肤的这项功能减弱的话，周期就会变得缓慢。

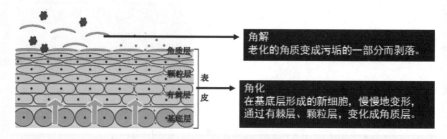

图3-1-2 皮肤的新陈代谢

 案例分析

李瑛在搞卫生时不小心被修眉刀划了一个小口，但没有流血，请结合皮肤的相关知识，查阅有关资料分析一下这种现象损伤了哪些组织，简述皮肤有哪些功能。

_____

_____

🎤 任务评价

以小组为单位，谈谈皮肤的结构，并进行评比。

	评价标准	配分	评分记录		
			学生自评	组间互评	教师评分
1	思路清晰	20			
2	语言流畅	20			
3	使用专业术语	20			
4	表述完整	20			
5	有创新点	20			

任务二　检测皮肤

准确的皮肤检测是制订正确护理方案和实施护理计划的基础。通过观察和交流，了解顾客皮肤状况，分析皮肤类型及存在的问题，再配合检测仪器帮助确诊，可以了解顾客真正的心理需求。

通过皮肤检测与分析，可以帮助顾客正确客观地认识自己的皮肤，进而接受服务，可以记录护理的成效与进展，体现个性化服务，增强顾客对美容院的信赖感及对美容护理的信心。

皮肤分析的主要程序包括：洗，清洁；望，直接用眼或放大镜望；问，既往史；触，触摸皮肤；查，使用仪器；听，倾听顾客。皮肤常用的检测方法有目测法和仪器透视法两种。

一、目测法

应用眼睛的视觉功能，在充足的光线下，观察皮肤的类型、细腻度等，用指腹触摸皮肤，通过手指的按压、轻推、捏提等手法进行皮肤弹性、含水量及毛孔状态等测试。检测皮肤主要有洗面观察法、纸巾擦拭法、放大镜观察法三种。

目测法

图3-2-1　放大镜观察法

说明　洗面观察法：清洁面部后，用毛巾或纸巾擦干，在不涂抹任何护肤品的情况下，观察皮肤并计算皮肤紧绷感消失的时间。

纸巾擦拭法：前一晚洗净面部后，不涂抹任何护肤品，次日起床后用干净的面巾纸分别放在额部、两颊，观测纸巾上出现的透明点的情况。

放大镜观察法：清洁面部，待皮肤紧绷感消失后，使用美容放大镜仔细观察皮肤的纹理和毛孔状况。

二、仪器透视法

通过各种仪器来准确地检测皮肤状况，包括纯光学仪器、电子仪器、电子+计算机技术。随着现代科学技术的飞速发展，产品更新换代很快。

仪器透视法

图3-2-2　仪器透视法

● **说明**　第一代：纯光学仪器。作为最初的皮肤测试仪，最初是采用普通的放大镜，需要由外部环境光做光源，因此外部环境的光线不足对检测的影响很大。

第二代：电子仪器。随着电子科技的发展，原来的光学仪器结合了电子技术发展成第二代的皮肤测试仪，它由光学部件组成镜头，并由电子元件完成信号采集/转换甚至临时储存的功能，然后通过显示仪器（专业的彩色监视器、通用的彩色电视机）显示出来。

第三代：电子+计算机技术。计算机的出现大大推动了社会的发展，也使皮肤测试仪进入了智能的时代，通过皮肤探测器搜索皮肤各方面的信息，进行综合分析判断，得出准确的结论，还可以储存客户档案、测试资料，并打印诊察报告。

 相关链接

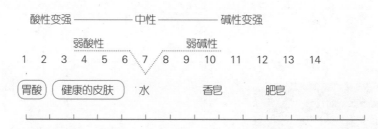

所谓皮肤的pH值，是指分泌在皮肤表面上的皮脂和汗混合而成的皮脂膜的酸碱值。

健康的皮肤pH值为4~6的弱酸性，能防止外界对皮肤的刺激。

| 酸性的功能 | 收敛作用 | 杀菌作用 |
| 碱性的功能 | 角解作用（化妆水中通常配合弱碱，对新陈代谢有促进帮助作用） | |

皮肤与pH值

任务三　皮肤分类

皮肤类型的判断是美容师展开护理前的另一项重要工作。只有正确认清顾客的皮肤情况，美容师才能制订出正确的护理方案，护理好顾客的皮肤。根据皮脂腺的分泌状况，皮肤的常规类型分为中性皮肤、干性皮肤、油性皮肤、混合性皮肤。

正常皮肤类型表

图3-3-1　中性皮肤纹理放大图

- **表　　现**　中性皮肤是健康理想的皮肤，它表现为：

    皮脂分泌量适中，既不干又不油；

    皮肤红润细腻，富有弹性；

    毛孔较小，对外界刺激不容易敏感，易随季节的变化而变化，冬天偏干，夏天偏油；

    皮肤表面呈弱酸性，pH值为5~5.6。

    一般13岁以下的少女属于此类型皮肤。

- **表现特征**　直接观察：皮肤紧绷感在洗脸后20分钟后消失。皮肤既不干又不油，面色红润。

    美容放大镜观察：皮肤纹理适中，毛孔较小。

    纸巾擦拭观察：纸巾油污面积不大，呈微透明状。

    美容透视灯观察：皮肤大部分面积均匀为紫色，小面积为橙色荧光块。

图3-3-2 油性皮肤纹理放大图

- **表　　现** 油性皮肤是常见皮肤类型，它表现为：

  肤色较深，毛孔较粗大，粗糙；

  皮脂分泌量多，皮肤油腻光亮，容易堵塞毛孔而生暗疮；

  对外界抵抗力较强，不易长皱，对外界刺激不容易敏感；

  皮肤表面呈弱酸性，pH值为5.6~6.6。

- **表现特征** 直接观察：皮肤紧绷感在洗脸后20分钟之内消失。皮肤分泌量多而使皮肤显得油亮。

  美容放大镜观察：皮肤纹理较粗，毛孔粗大。

  纸巾擦拭观察：纸巾油污面积较大，呈透明状。

  美容透视灯观察：皮肤大部分面积为橙色荧光块。

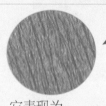

- **表　　现** 干性皮肤是常见皮肤类型，它表现为：

  外观白皙，毛孔细小而不明显；

  皮脂分泌量少，皮肤比较干燥；

  图3-3-3　干性皮肤纹理放大图

  皮肤较薄，毛细血管比较浅，易破裂，对外界刺激容易敏感，受太阳照射后，易长色斑；

  分缺水性和缺油性两种；

  皮肤表面呈弱酸性，pH值为4.5~5。

- **表现特征** 直接观察：皮肤紧绷感在洗脸后40分钟左右才会消失。皮肤较薄，干燥而不润泽，可见细小皮屑，皱纹较明显，皮肤松弛，缺乏弹性。

  美容放大镜观察：皮肤纹理较细，毛细血管和皱纹均明显。

  纸巾擦拭观察：纸巾油污面积不大，呈微透明状，类似中性皮肤。

  美容透视灯观察：皮肤有少许橙黄色荧光块、白色小块，大部分皮肤呈淡紫蓝色。

图3-3-4　混合性皮肤T字部位

- **表　　现**　混合性皮肤是常见皮肤类型，它表现为：

T字部位呈油性状态；眼部、面颊和颈部呈干性状态；

也有混合偏干和混合偏油之分，根据分析，若具有干性皮肤特点较多的为混合偏干，若具有油性皮肤特点较多的为混合偏油。

混合性皮肤在中国占各类皮肤的80％，在护理时要注意，偏干性皮肤或在秋冬季以干性皮肤护理；偏油性皮肤或在春夏季以油性皮肤护理。

- **表现特征**　直接观察：皮肤紧绷感在洗脸后40分钟左右才会消失。皮肤皮脂分泌量少，较干，无光泽，肤色偏白易泛红。

美容放大镜观察：皮肤纹理较细，毛细血管和皱纹均明显。

纸巾擦拭观察：纸巾油污基本没有，类似干性皮肤。

美容透视灯观察：毛孔细小，皮纹细腻，两颊伴有微血管扩张现象。

 任务评价

以小组为单位，进行皮肤检测，并进行评比。

	评价标准	配分	评分记录		
			学生自评	组间互评	教师评分
1	态度端正	20			
2	选择的检测方法与描述表现特征相符	40			
3	测试前后辅助工作规范	40			

 **任务拓展**

动动手　做墙贴

　　为了能让顾客对皮肤类型一目了然，李瑛准备制作一张墙贴，请你协助她一起制作、填写。

皮肤类型

	中性	干性	油性	混合性
皮脂分泌				
毛孔大小				
色泽				
角质含水量				
光泽度				
皮肤厚度				
弹性				
抵抗力				
pH				

项目总结

本项目从认识皮肤的重要性出发，介绍了皮肤的结构、皮肤分析的基本程序及注意事项，尤其是对各种类型皮肤的详尽介绍，以及如何使用不同方法对皮肤准确地进行分析、检测。

广泛收集顾客信息并能迅速、准确地判断顾客的皮肤类型，是美容师的一项重要的基本功，对于美容师高效开展工作具有重要的指导意义。希望通过本项目的系统学习，结合教学实践，同学们能融会贯通、熟练掌握本项目。

项目实训

一、判断题（下列判断正确的请打"√"，错误的打"×"）

1. 皮肤的总重量约占人体重量的16%，总面积为1.5~2.0平方米，皮肤是人体第二大的器官。（   ）

2. 皮肤共分为三层，依次为表皮、真皮及皮下组织。（   ）

3. 皮肤检测中的目测法主要有洗面观察法、纸巾擦拭法、放大镜观察法三种。（   ）

4. 健康皮肤的pH值呈弱碱性，以防止外界的侵蚀。（   ）

二、单项选择题（下列每题的选项中，只有一个是正确的，请将正确的代号填在横线空白处）

1. 微细血管、神经、毛囊组织等，汗腺及皮脂腺，存在于皮肤的 _____。

A. 表皮层   B. 真皮层

C. 皮下组织层   D. 肌肉层

2. 毛囊堵塞、毛囊发炎等问题，起因在皮肤的 _____。

A. 表皮层   B. 真皮层

C. 皮下组织层   D. 筋膜层

3. 一般13岁以下的少女，都是 _____。

A. 中性皮肤   B. 油性皮肤

C. 干性皮肤   D. 混合性皮肤

4. 美容透视灯观察油性皮肤，其大部分面积为 _____ 荧光块。

A. 白色   B. 灰色

C. 紫色   D. 橙色

项目反思

日期：　　年　月　日

项目四

面部按摩

情境导入

　　在各种美容院广告宣传中，都有美容师心神凝注、手法自如地为顾客按摩的经典图片。李瑛被这种优美的姿势、专注的神情所吸引，希望通过专业训练，早日成长为一名优秀的美容师……

我们的目标是

- 熟悉面部的主要穴位
- 熟悉适合面部的按摩手法
- 学会成套按摩术

着手的任务是

- 指认面部按摩常用穴位
- 学习面部适宜的按摩手法
- 学习成套按摩术

任务实施中

任务一　面部的主要穴位

　　腧穴又称穴位，是人体脏腑经络之气输注于体表的特殊部位，这些部位多在筋肉或骨骼的凹陷处。施术于一定腧穴可起到疏通气血、调整肌体平衡、维护健康、美容养颜、延缓衰老的作用。这里介绍与面部美容按摩有关的面部腧穴的基本情况。

面部主要穴位分布图

图4-1-1　额头部位常用穴位

● **名称**　额头部位常用穴位

● **描述**　太阳穴：在两眉梢与外眼角之间，向后约1寸凹陷处（经外奇穴）。

　　　　印堂穴：位于前额部，当两眉头间连线与前正中线之交点处（经外奇穴）。

　　　　神庭穴：头前部入发际五分处（督脉）。

　　　　阳白穴：目正视，瞳孔直上，眉上1寸（足少阳胆经）。

● **名称**　眼周常用穴位

● **描述**　攒竹穴：两眉头内侧端，即眶上切迹处（足太阳膀胱经）。

　　　　鱼腰穴：眉毛正中，当眼平视，穴位与瞳孔在同一直线上（经外奇穴）。

　　　　丝竹空穴：眉梢外侧凹陷处（手少阳三焦经）。

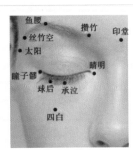

图4-1-2　眼周常用穴位

瞳子髎穴：外眼角，眶骨边缘（足少阳胆经）。

球后穴：在面部，眶下缘的外1/4与内3/4交点处（经外奇穴）。

承泣穴：眼平视，瞳孔直下，眼眶上缘处（足阳明胃经）。

睛明穴：眼部内侧，内眼角稍上方凹陷处（足太阳膀胱经）。

四白穴：双眼平视时，瞳孔正中央下约两厘米处（足阳明胃经）。

图4-1-3　鼻部常用穴位

● **名称**　鼻部常用穴位

● **描述**　鼻通穴：位于面部，当鼻翼软骨与鼻甲的交界处，近处鼻唇沟上端处（经外奇穴）。

迎香穴：鼻翼两侧0.5寸处（手阳明大肠经）。

图4-1-4　面颊部位常用穴位

● **名称**　面颊部位常用穴位

● **描述**　巨髎穴：瞳孔直下与鼻翼下缘相平的凹陷处。当鼻唇沟外侧，目中线上（足阳明胃经）。

颧髎穴：在面部，当目外眦直下，颧骨下缘凹陷处（手太阳小肠经）。

上关穴：头部正面，在戴眼镜脸侧地方骨洼处（足少阳胆经）。

下关穴：在面部，耳前方，颧骨与下颌之间的凹陷处。合口有孔，张口即闭（足阳明胃经）。

大迎穴：下颌角前方，咬肌附着部前缘，当面动脉搏动处（足阳明胃经）。

颊车穴：咬肌最高点（足阳明胃经）。

 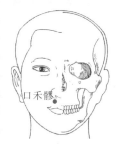  

图4-1-5　口周常用穴位

○ **名称**　口周常用穴位

○ **描述**　人中穴：位于鼻唇沟中，上三分之一处（督脉）。

口禾髎穴：人体的上唇部，鼻孔外缘直下，平水沟穴（督脉）。

承浆穴：下颌正中线，下唇缘下方凹陷处（任脉）。

地仓穴：嘴角两侧0.4寸处（足阳明胃经）。

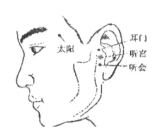 

图4-1-6　耳周常用穴位

○ **名称**　耳周常用穴位

○ **描述**　耳门穴：位于面部，当耳屏上切迹的前方，下颌骨髁状突后缘，张口有凹陷处（手少阳三焦经）。

听宫穴：耳前中部，小耳屏前方（手太阳小肠）。

听会穴：听宫穴下方，与耳屏切迹向平（足少阳胆经）。

翳风穴：耳后，耳垂后方（手少阳三焦经）。

 任务评价

以小组为单位，快速找准穴位（每次10个，每一个10分，满分100分），并进行评比。

评价标准			配 分	评分记录		
				学生自评	组间互评	教师评分
1	时间控制	在规定时间内	2			
		超过规定时间	0			
2	定位点按	能准确定位	2			
		不能准确定位	0			
3	定位描述	能准确描述	2			
		不能准确描述	0			
4	主治表述	能准确表述	2			
		不能准确表述	0			
5	手势正确	手势正确	2			
		手势不正确	0			

 相关链接

同身寸定位法

1. 拇指同身寸：以患者拇指的指间关节的宽度作为1寸。

2. 中指同身寸：以患者中指中节桡侧两端纹头间的距离作为1寸。

3. 横指同身寸：又称"一夫法"，是令患者将食指、中指、无名指及小指四指相并，以中指中节横纹为标准，其四指的宽度作为3寸。

 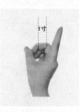 

拇指同身寸　　　　　中指同身寸　　　　　横指同身寸

图4-1-7　指量法

针灸穴位铜人

针灸穴位铜人是中国古代供针灸教学用的，由青铜浇铸而成的人体经络腧穴模型。目前最早的人体经脉模型，是绵阳双包山西汉墓出土的漆木人。而针灸穴位铜人始于北宋天圣年间，明清两代，公私铸造铜人很多，习铜人穴已成了针灸医生的基本功。

北宋针灸铜人为北宋天圣五年（1027年）宋仁宗诏命翰林医官王惟一所制造，有两具，其高度与正常成年人相近，胸背前后两面可以开合，体内雕有脏腑器官，铜人表面镂有穴位，穴旁刻题穴名。两件铜人一置医官院，一置相国寺。在相国寺内有"针灸

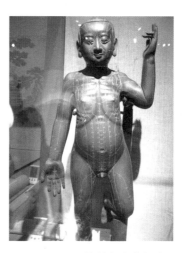

图4-1-8 明代针灸穴位铜人

图石壁堂"，堂内除针灸铜人外，其后壁上嵌有针灸图经刻石。宋天圣针灸铜人后因战乱被遗弃而下落不明。

图4-1-8铜人表面有经络腧穴，但下半身造型欠准确，是不多见的明代铜人之一。

该铜人高86.5厘米。

为湖北武当山征集，现藏于湖北省博物馆。

🔧 任务拓展

寻找取穴小窍门

美容按摩需要正确取穴，坊间流传着许多取穴小窍门，如在取大迎穴时先闭口吐气，在鼓起的两颊下缘，找到凹陷处，按压后会有酸酸的感觉，那就是我们的大迎穴哦！课后寻找取穴小窍门两则，下次课上与同学们分享。

图4-1-9 取穴小窍门

_____

_____

_____

_____

任务二　面部按摩的手法

　　通常情况下，面部按摩从额部开始，接下去依次为眼部、鼻部、口周、下颌、面颊、脖颈部，最后回到耳部结束。因为额部、眼部神经丰富，在按摩开始时，容易使顾客放松、进入浅度睡眠状态，有利于面部肌肉全面放松，为深入按摩打下基础。

　　额部和眼部也是整个面部按摩的重点，所占时间比约30%；鼻部、口周、下颌在一条纵轴线上，便于手法的连贯流畅，由于此类部位骨骼结构明显，不宜多停留，所占时间比为20%；面颊是按摩的主要部位之一，手法变换多样，所占时间比为30%；颈部、耳部是按摩的次要部位，所占时间比约为10%；动作之间的链接，所占时间比约为10%。

一、适宜额部的按摩手法

　　额部生理特点：额骨宽大，额肌平坦，是面部按摩中用力最强的部位。

　　额部损美问题：出现水平方向额纹及眉间"川"字纹。

　　适宜额部按摩手法：额部圈揉、额部按压、额部提抹、额部震颤。

适宜额部的按摩手法

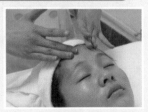

图4-2-1

● **操作示范**　图4-2-1　额部圈揉

● **操作说明**　双手四指由额中向两边深入按摩额肌，舒展额纹。用其指腹附着于额部，舒缓自如，协调连贯地盘旋转动。

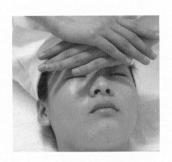

图4-2-2

- **操作示范**　图4-2-2 额部按压

- **操作说明**　双手全掌着力于额头部位的皮肤，用力下压。压法时，压力均衡和缓有力。

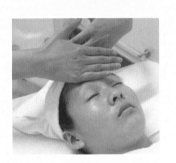

图4-2-3

- **操作示范**　图4-2-3 额部提抹

- **操作说明**　双手四指合为一线于额纹垂直方向提抹，舒展额纹。向额部时用力大，回落时用力小。

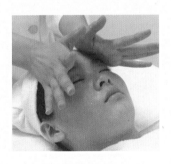

图4-2-4

- **操作示范**　图4-2-4 额部震颤

- **操作说明**　利用手臂、手部肌肉迅速收缩，手掌产生的震动传导至皮肤。在无须进行肌肤移位的情况下，使肌肤深层产生震动，得到全面的放松，消除疲劳。

二、适宜眼部的按摩手法

眼部生理特点：皮肤最薄，毛细血管丰富，皮下组织疏松，肌肉呈环状分布，眼周穴位密布。

眼部损美问题：容易出现鱼尾纹、眼袋、黑眼圈、水肿等。

适宜眼部按摩手法：眼部指压、眼部打圈、眼部拉抹。

适宜眼部的按摩手法

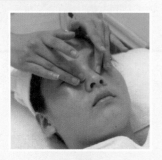

图4-2-5

- **操作示范**　图4-2-5 眼部指压

- **操作说明**　美容指指压睛明穴、攒竹穴、鱼腰穴、丝竹空穴、太阳穴、瞳子髎穴、球后穴、承泣穴、四白穴等穴位。

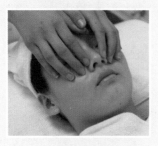

图4-2-6

- **操作示范**　图4-2-6 眼部打圈

- **操作说明**　双手美容指绕眼眶打圈，靠近内眼角时仅用中指。

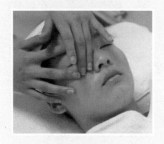

图4-2-7

- **操作示范**　图4-2-7 眼部拉抹

- **操作说明**　双手食指、中指分别置于上下眼睑水平方向，从内往外轻抹，帮助眼部淋巴引流（消除淤积在眼部的液体）。

三、适宜鼻部的按摩手法

　　鼻部生理特点：鼻骨结构明显，肌肉分布较少，集中在鼻翼处。

　　鼻部损美问题：鼻翼油脂分泌旺盛；容易出现鼻塞等现象。

　　适宜鼻部按摩手法：鼻部指压、鼻部夹搓、刮抹鼻梁。

适宜鼻部的按摩手法

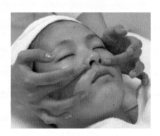

图4-2-8

- **操作示范**　图4-2-8　鼻部指压

- **操作说明**　双手中指压迎香穴、睛明穴。
近治鼻塞，远调肠胃。

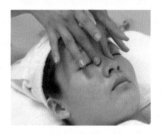

图4-2-9

- **操作示范**　图4-2-9　鼻部夹搓

- **操作说明**　双手中指上下夹搓鼻根两侧，
理气通神。

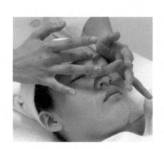

图4-2-10

- **操作示范**　图4-2-10　刮抹鼻梁

- **操作说明**　双手美容指从印堂向鼻尖交错
刮抹。

四、适宜口周的按摩手法

口周生理特点：口轮匝肌呈环状分布。

口周损美问题：嘴角下挂，鼻唇沟晦暗显老，口角
生疮。

适宜口周按摩手法：口周打圈、口周指压、拉抹鼻
唇沟。

适宜口周的按摩手法

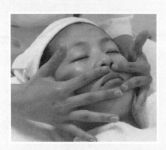

图4-2-11

- 操作示范　图4-2-11 口周打圈

- 操作说明　双手美容指分别从地仓穴至
人中穴、承浆穴做相向运
动，沿口周来回按摩。

图4-2-12

- 操作示范　图4-2-12 口周指压

- 操作说明　指压地仓穴、人中穴、承浆
穴、口禾髎穴等穴位，可以
起到调节胃肠功能的作用。

图4-2-13

- 操作示范　图4-2-13 拉抹鼻唇沟

- 操作说明　双手中指同时从嘴角两侧的
地仓穴沿鼻唇沟上拉至鼻两
翼的迎香穴，然后沿原路线
返回。

五、适宜下颌部的按摩手法

下颌部生理特点：下颌是与颈部相连的部位。

下颌部损美问题：容易松弛，出现赘肉。

适宜下颌部按摩手法：下颌轮指、下颌包抚、下颌
按压。

适宜下颌部的按摩手法

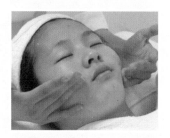

图4-2-14

- 操作示范　图4-2-14　下颌轮指
- 操作说明　四指从小指开始在颌底有
节奏地向斜上方提轮，收
紧、提升肌肉。

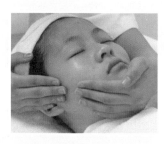

图4-2-15

- 操作示范　图4-2-15　下颌包抚
- 操作说明　单手四指在下，大拇指在
上，从一侧耳根包裹安抚
至另一侧耳根。

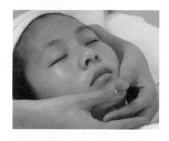

图4-2-16

- 操作示范　图4-2-16　下颌按压
- 操作说明　双手大拇指按压承浆穴、
大迎穴等穴位。

六、适宜面颊部的按摩手法

　　面颊部生理特点：面颊是面部皮肤的主体，肌肉群多为咀嚼肌，总的方向
是斜向上，所以按摩时多为由下向上、由内向外。

　　面颊部损美问题：面颊为面部瑕疵表现最多的地方，同时也有面部皮肤松
弛现象。

　　适宜面颊部按摩手法：面颊打圈、面部指压、面颊捏按、面颊指轮。

适宜面颊部的按摩手法

图4-2-17

- **操作示范**　图4-2-17　面颊打圈

- **操作说明**　双手四指分行深入肌层旋转向上按摩，强健肌肤。

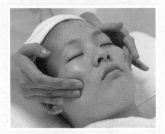

图4-2-18

- **操作示范**　图4-2-18　面部指压

- **操作说明**　双手四指分行按压或分压巨髎穴、颧髎穴、上关穴、下关穴等穴位，深层刺激面部穴位，舒经活络。

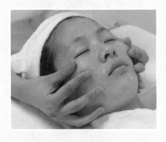

图4-2-19

- **操作示范**　图4-2-19　面颊捏按

- **操作说明**　双手大拇指和食指有节奏地提捏面部肌肉，有利于皮脂排泄。

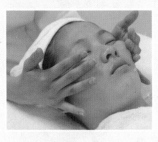

图4-2-20

- **操作示范**　图4-2-20　面颊指轮

- **操作说明**　双手四指从食指开始在面颊上有节奏地向斜上方向提轮，使肌肉结实。

七、适宜脖颈部的按摩手法

脖颈部生理特点：脖颈部肌肉缺乏骨骼支持，颈阔肌较薄，其下是气管、喉管，按摩时力度应轻柔，一带而过，不适宜多刺激。两侧的胸锁乳突肌纤维厚实，是脖颈部按摩的重点部位。

脖颈部损美问题：皮肤松弛、易起皱纹。

适宜脖颈部按摩手法：脖颈部安抚、脖颈部推抹、脖颈部揉按、脖颈部拿捏。

适宜脖颈部的按摩手法

图4-2-21

- **操作示范**　图4-2-21 脖颈部安抚

- **操作说明**　双手手掌交替安抚，颈部正前方轻柔些，两侧稍用力些。

图4-2-22

- **操作示范**　图4-2-22 脖颈部推抹

- **操作说明**　双手虎口向下置于颈部两侧，用大拇指及鱼际部位按摩。

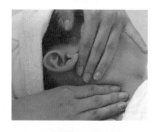

图4-2-23

- **操作示范**　图4-2-23 脖颈部揉按

- **操作说明**　美容指轻轻按风府穴、大椎穴、肩井穴等穴位。

图4-2-24

- **操作示范**　图4-2-24 脖颈部拿捏

- **操作说明**　双手或单手的大拇指与其余四指对合呈钳形，施以夹力握拿于颈肩部位。

八、适宜耳部的按摩手法

耳部生理特点：耳穴密集，是人体三大集中反射区之一，身体的许多脏器在此有全息反射点。因此，对于耳部的按摩具有较强的保健功能。

适宜耳部按摩手法：耳部搓揉、耳部按压、耳郭压盖。

适宜耳部的按摩手法

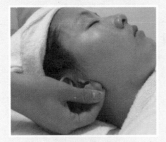

图4-2-25

- 操作示范　图4-2-25 耳部搓揉

- 操作说明　大拇指和美容指搓揉耳郭。

图4-2-26

- 操作示范　图4-2-26 耳部按压

- 操作说明　中指轻轻按压翳风穴、听会穴、听宫穴、耳门穴等穴位。

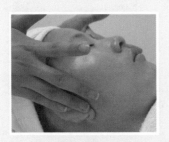

图4-2-27

- 操作示范　图4-2-27 耳郭压盖

- 操作说明　轻轻用耳郭压盖住耳孔，缓缓放开。

 注意事项

1. 穴位按摩要求熟悉穴位的解剖定位（如印堂穴在两眉头之间的连线的中点），穴位定位必须正确。

2. 按摩使用阴力，按而留之，每个穴位停留3~5秒，按照轻—重—轻的节奏用力。

3. 按摩的力度根据部位而异，如眼周及耳后翳风穴力度要轻，额部和面颊部位可重些。

4. 按摩时注意用力方向，应与骨面垂直，面颊正面一般垂直用力（如攒竹穴），侧面一般相对用力（如太阳穴）。

 任务评价

同学两两配对为一组，以小组为单位进行面部各部位按摩训练，并进行评比。

评价内容		内容细化	配分	评分记录			
				学生自评	组间互评	教师评分	总分
1	额部	自选两种	10				
		手法正确	10				
2	眼部	自选一种	5				
		手法正确	5				
3	鼻部	自选一种	5				
		手法正确	5				
4	口周	自选一种	5				
		手法正确	5				
5	下颌	自选一种	5				
		手法正确	5				
6	面颊	自选两种	10				
		手法正确	10				
7	脖颈	自选一种	5				
		手法正确	5				
8	耳部	自选一种	5				
		手法正确	5				

相关链接

按摩时手的运用及手的练习

在按摩时主要借助手部肌肉较为丰满的部位，如指腹、手掌、大鱼际、小鱼际等。初学按摩动作时，可先按摩人头模型，在训练时双手处涂抹滑石粉或按摩油以减少摩擦。训练形式如下：

1. 坐在一张舒服有背的椅子上，将人头模型面部向上放在两膝盖之间，然后在假面上练习按摩动作。

2. 在镜台前，利用固定支架上的人头模型练习按摩动作，从镜子的反射中，可以见到手法的运用是否正确，而加以改进。

3. 利用空暇时间在自己的膝头上练习按摩动作，虽然膝盖部分比面型小，但可以利用它做随时随地的练习工具。

图4-2-28　按摩训练形式

任务拓展

寻找按摩手法

中国的按摩术源远流长，根据按摩部位的不同，所要达到的效果、目的不同，其按摩手法有数百种之多。总结前人的按摩经验，结合现代美容按摩的需要，请同学们课后查阅资料并归纳10种常用按摩手法及功效。

_____

_____

_____

_____

_____

_____

任务三　成套按摩术举例

经过了半个多世纪的发展，面部美容按摩已经日趋完善。很多按摩手法，从不同的按摩目的、角度出发，重新组合，不断发展与更新，逐渐形成了各具特色的全套美容按摩技艺。这里介绍两套具有一定历史传统，流传广泛又具有一定特色的常见按摩手法，以助同学们在学习过程中，能从不同的角度更加全面了解、掌握美容按摩的技能。

一、成套按摩术 I

本套按摩术由17个动作组成，主要目的是继续清洁皮肤，帮助清除皮肤表面的死细胞，以及促进血液循环。从整体按摩开始，然后是分各部位依次按摩，包括额头、眼周、面颊、鼻翼，最后以整体按摩结束。此套按摩术步骤分明、手法简单，适合初学者学习。

成套按摩术 I 操作流程

图4-3-1

● **操作示范**　图4-3-1　"大三圈"按摩

● **操作说明**　双手横位。中指、无名指分别并拢，以其指腹同时从印堂穴开始，在整个额部同时向两侧按摩竖圈，按摩至太阳穴后，双手中指同时点按两侧太阳穴。

　　如此反复操作三遍。

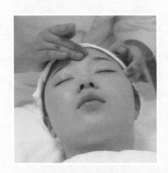

图4-3-2

● 操作示范　图4-3-2　"小五圈"按摩

● 操作说明　左手美容指放在左侧太阳穴
处，右手的美容指从右侧向左
侧按摩竖圈至左侧太阳穴，之
后双手美容指同时滑至印堂
穴，再沿眉骨分别从攒竹穴抹
向丝竹空穴，至太阳穴后稍
用力指压。

如此反复操作三遍。

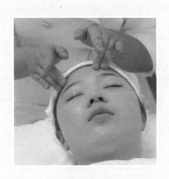

图4-3-3

● 操作示范　图4-3-3　"十八三角"按摩

● 操作说明　手横位。从左侧太阳穴起，双
手美容指同时自左向右在额部
上下交错按"V"形路线推抹，
至右侧太阳穴时用右手中指指
腹点按。然后以同样的手法由
右向左返回。

如此反复操作三遍。

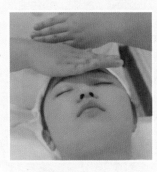

图4-3-4

● 操作示范　图4-3-4　"包额头"按摩

● 操作说明　双手横位。五指自然伸直，全
掌着力，交替轻滑，从印堂穴
抚至神庭穴处反复八次；然后
双手美容指分别沿眉骨由攒竹
穴滑动至太阳穴指压。

如此反复操作三遍。切忌拍
打出声。

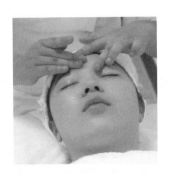

图4-3-5

- 操作示范　图4-3-5　"眉心打圈"按摩

- 操作说明　双手竖位。左手中指、无名指分开，以其指腹从鼻根部将"川"字纹轻轻展开，并向上慢慢移动至额中部，同时，右手美容指在左手中指、无名指分开处打圈，并随着左手由鼻根部慢慢移至额中部。

  如此反复操作三遍，皱纹深时可多做几次。

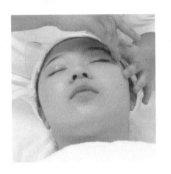

图4-3-6

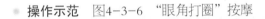

- 操作示范　图4-3-6　"眼角打圈"按摩

- 操作说明　左手中指、无名指尽量分开展开左眼角处的鱼尾纹，同时，右手美容指在左手中指、无名指分开处打圈，然后右手美容指经左眼下眼眶、鼻梁、右眼上眼眶按摩至右眼外眼角鱼尾纹处，左右手动作交换。

  如此反复操作三遍。

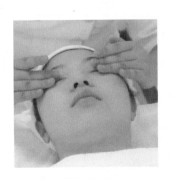

图4-3-7

- 操作示范　图4-3-7　"滑眼皮"按摩

- 操作说明　双手横位。双手美容指在上眼皮、下眼皮、眉上轻滑至太阳穴指压。

  如此反复操作三遍，眼下皱纹深处则可多滑几下。

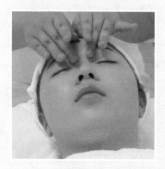

图4-3-8

● **操作示范** 图4-3-8 "绕眼圈"按摩

● **操作说明** 双手竖位。双手美容指同时沿鼻梁向下围绕眼周八圈后按压攒竹穴。然后双手美容指沿眉骨滑至太阳穴点按。

如此反复操作三遍。

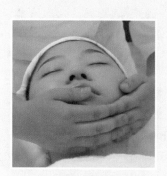

图4-3-9

● **操作示范** 图4-3-9 "抹下巴"按摩

● **操作说明** 双手横位。两手掌相对，在下巴处来回滑动八次，然后中指分别滑至左右耳后翳风穴指压。

如此反复操作三遍。耳后翳风穴点按时稍用力。

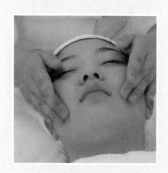

图4-3-10

● **操作示范** 图4-3-10 "大脸颊"按摩

● **操作说明** 双手横位，双手美容指指腹从颊车穴开始，相向向上打圈按揉，至下眼眶。沿承泣穴、球后穴、瞳子髎穴至太阳穴点按。

如此反复操作三遍。太阳穴处点按时稍用力。

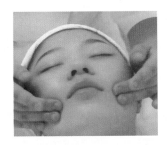

图4-3-11

- **操作示范**　图4-3-11　"下半脸颊"按摩

- **操作说明**　双手横位。双手美容指并拢，以其指腹在两侧面颊从地仓穴经面颊至听宫穴旋转按摩，在下半脸颊以小圆圈状来回滑动三次，然后向上点按迎香穴、鼻通穴、睛明穴、攒竹穴、鱼腰穴、丝竹空穴、太阳穴。

  如此反复操作三遍。太阳穴处点按时稍用力。

图4-3-12

- **操作示范**　图4-3-12　"上半脸颊"按摩

- **操作说明**　双手横位。双手美容指并拢，以其指腹在两侧面颊从迎香穴经面颊至上关穴旋转按摩，在上半脸颊以小圆圈来回滑动三次，然后双手中指沿鼻侧向上至印堂点按，分抹至太阳穴指压。

  如此反复操作三遍。太阳穴处点按时稍用力。

图4-3-13

- **操作示范**　图4-3-13　"搓下巴"按摩

- **操作说明**　双手横位。双手美容指在嘴唇上下推动，分成六个动作。唇下分中间、左侧、右侧；唇上分人中、左边嘴角后、右边嘴角后。

  如此反复操作三遍。唇上操作时仅用中指。

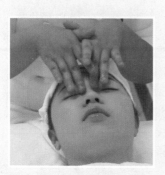

图4-3-14

● **操作示范**　图4-3-14　"搓鼻子"按摩

● **操作说明**　双手竖位。四指自然平伸，拇指交叉，用中指指腹沿鼻翼两侧上下推拉六次后，点按迎香穴。

如此反复操作三遍。

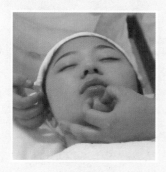

图4-3-15

● **操作示范**　图4-3-15　"雕塑"按摩

● **操作说明**　左手掌按压左太阳穴，右手拇指、食指点按承浆穴两侧三次，右手拇指、中指、食指一起点按地仓穴、人中穴三次，右手拇指、食指点按鼻翼两侧迎香穴三次。

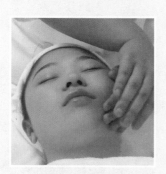

图4-3-16

● **操作示范**　图4-3-16　"包脸颊"按摩

● **操作说明**　双手全掌着力交替将面颊分别向外、向上轻拉，按摩双颊。按摩左面颊时左手扣于下颌，全掌着力，拉抹至左耳根；然后右手扣于左面颊，沿左面颊向上拉抹至左眉梢。

双手如此交替按摩八次后，换右侧面颊，其按摩动作相同。

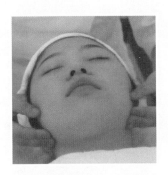

图4-3-17

- 操作示范　图4-3-17 "滑下巴"按摩

- 操作说明　双手横位。从承浆穴开始，两手四指并拢托住下巴，用拇指指腹外侧交替包住下颌向耳部拉抹，且点按翳风穴。

  如此反复操作三遍。耳后翳风穴点按时稍用力。

二、成套按摩术Ⅱ

本套按摩术由23个动作组成，遵循整体—局部—整体的原则，按摩手法选择从下而上，从内到外，安抚弹拍，穴位指压，这些包括了欧式按摩、日式按摩、中医指压推拿等方法。

以整体按摩开始，分区操作，然后以大安抚结束。每个部位都是如此。从面部、眼周、鼻部到口周，按摩部位较为全面，根据颜面肌肉纹理，有多种基本动作。但总的原则是按摩方向与肌肉走向一致，与皮肤皱纹方向垂直。尤其以眼部和全脸安抚为重点，手法多样，形式优美，节奏感强，适合有一定基础的美容师学习。全套按摩术如下：

成套按摩术Ⅱ操作流程

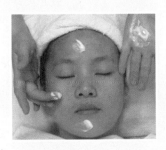

图4-3-18

- 操作示范　图4-3-18 放置按摩膏并均匀涂抹开

- 操作说明　取适量按摩膏（一元硬币大小），分别放置在前额、双颊、鼻头、下颌处，且以打圈的方式抹开。

成套按摩术 Ⅱ 操作流程

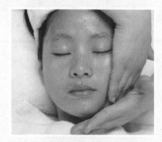

图4-3-19

● **操作示范**　图4-3-19 整体按摩（1）

● **操作说明**　双手同侧拉抹下巴，换另一
侧同样操作。

点按翳风穴，拉至太阳穴
点按。

图4-3-20

● **操作示范**　图4-3-20 整体按摩（2）

● **操作说明**　双手拉抹额部八次，分掌轻
抚额、眼、面、下巴。

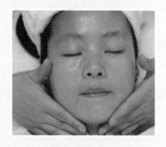

图4-3-21

● **操作示范**　图4-3-21 颈部按摩

● **操作说明**　双手掌在颈侧向下推抹、在
颈前向上轻抚。共八次。

双手交替竖向拉抹颈部八次。

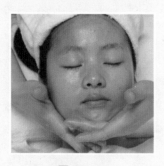

图4-3-22

● **操作示范**　图4-3-22 下颌按摩

● **操作说明**　双手交替横向拉抹颈部，八次。
稍用力点按翳风穴。

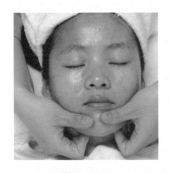

图4-3-23

- **操作示范** 图4-3-23 口周按摩

- **操作说明** 大拇指揉捏下巴。

 从唇下绕口周向上推抹。

 点按禾髎穴、地仓穴、承浆穴、大迎穴、颊车穴、听会穴。

- **操作示范** 图4-3-24 面颊按摩（1）

- **操作说明** 面部沿听宫穴至地仓穴来回打圈八次。

 点按地仓穴、巨髎穴、颧髎穴、下关穴、听宫穴。

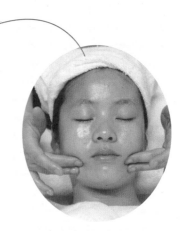

图4-3-24

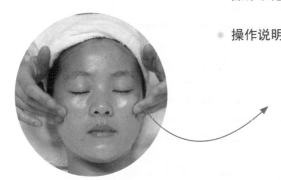

图4-3-25

- **操作示范** 图4 3 25 面颊按摩（2）

- **操作说明** 面部沿上关穴至迎香穴来回打圈八次。

 点按迎香穴、鼻通穴、睛明穴、承泣穴、球后穴、太阳穴。

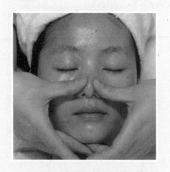

图4-3-26

● 操作示范　图4-3-26 鼻部按摩

● 操作说明　鼻周打圈。

美容指指揉鼻翼。

大拇指轻揉鼻梁、鼻翼。

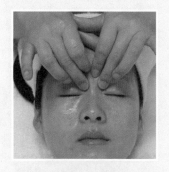

图4-3-27

● 操作示范　图4-3-27 眼部按摩（1）

● 操作说明　双手交替拉抹鼻侧，点按睛明穴、攒竹穴、鱼腰穴、丝竹空穴、太阳穴。

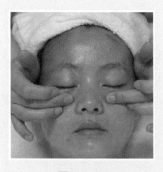

图4-3-28

● 操作示范　图4-3-28 眼部按摩（2）

● 操作说明　双手食指、中指来回交替点按睛明穴。

点按睛明穴、承泣穴、球后穴、瞳子髎穴、太阳穴。

图4-3-30

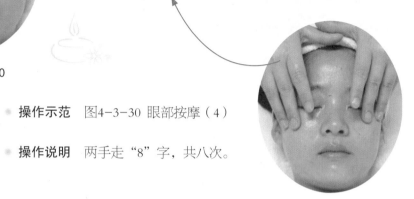

操作示范　图4-3-29 眼部按摩（3）

操作说明　绕眼周打圈，共八次。

操作示范　图4-3-30 眼部按摩（4）

操作说明　两手走"8"字，共八次。

图4-3-29

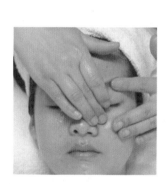

图4-3-31

操作示范　图4-3-31 眼部按摩（5）

操作说明　拉抹鱼尾纹，双手交替拉抹眼尾。

　　　　　做眼部剪刀手（另一边相同手法），共八次。

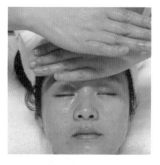

图4-3-32

操作示范　图4-3-32 额部按摩（1）

操作说明　拉抹额头并轻压，共三次。

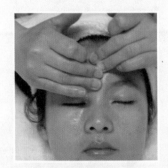

图4-3-33

● **操作示范** 图4-3-33 额部按摩（2）

● **操作说明** 点按印堂穴、阳白穴，共
八次。

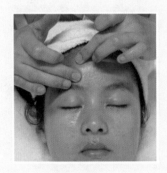

图4-3-34

● **操作示范** 图4-3-34 额部按摩（3）

● **操作说明** 双手在额头左右来回按摩
半圈，来回共八次，后滑
至耳部。

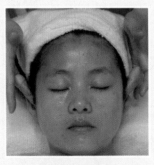

图4-3-35

● **操作示范** 图4-3-35 耳部按摩

● **操作说明** 点按听会穴、听宫穴、耳
门穴。
搓耳根。
揉耳郭。
盖压耳郭。

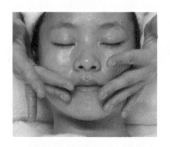

图4-3-36

● **操作示范**　图4-3-36 大安抚按摩（1）

● **操作说明**　面部正向弹指，共八次。

反向弹指，共八次。

交替弹指，共八次。

图4-3-37

● **操作示范**　图4-3-37 大安抚按摩（2）

● **操作说明**　双手同侧拉抹下巴、嘴、面部、眼、额头（另一侧相同手法）。

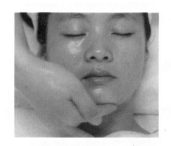

图4-3-38

● **操作示范**　图4-3-38 大安抚按摩（3）

● **操作说明**　双手重叠额部，一手下滑至下巴、托起，返回额部（换另一边相同操作），共八次。

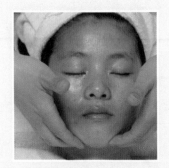

图4-3-39

● 操作示范　图4-3-39 大安抚按摩（4）

● 操作说明　双手交替拉抹下巴、托下
巴，共三次。

图4-3-40

● 操作示范　图4-3-40 大安抚按摩（5）

● 操作说明　双手交替拉抹额、共三次。

抚额、面部、嘴周、下巴，
由下巴拉至太阳穴。

边搓掌边依次从额部安抚至
下巴，轻击双掌结束整套
动作。

 注意事项

　　面部与身体相比，起伏较大，结构比较复杂，按摩时应根据不同的部
位特点选用不同的手法。按摩整套手法的设计还要考虑到脏器部位的需
要，配置合理，连贯流畅，并且根据顾客面部皮肤的实际情况，组合多种
手法，灵活运用，以解决实质性问题，真正做到个性化服务。

 相关链接

面部按摩最佳状态

一、按摩前状态

1. 按摩前，顾客应处于闭眼静息状态，有利于神经和肌肉的放松。

2. 美容师坐姿端正，身体与顾客头部保持一个拳头的距离。双手已经消毒并保持一定手温。

二、按摩中状态

1. 顾客安然入睡。

2. 美容师目光停留在顾客的皮肤上，神情专注，手法自如。按摩时主要是腕关节、指关节移动，避免身体左右摇晃。

三、按摩后状态

顾客面部皮肤微热、光亮、有血色，稍有收紧感，双目清亮，身心愉悦、放松。

 任务评价

以小组为单位，进行面部按摩训练，并进行评比。

面部按摩

	评价内容	内容细化	配分	评分记录			
				学生自评	组间互评	教师评分	总分
1	程序完整	程序完整，特别是能做好按摩前后的辅助工作	20				
2	动作到位	手指灵活	15				
		手法娴熟	15				
		衔接自然	15				
		有韵律感	15				
3	效果明显	按摩后顾客皮肤微热、光亮、有血色	20				

任务拓展

自编一套按摩术

按摩是一种安全、舒适、有效的抗衰老手段。面部按摩流派和手法多样，大致形成以安抚为主要特点的西式按摩和以按压为特点的中式按摩。"安抚"法放松肌肉，舒适感强；"点穴按压"法舒经活络，保健功能强。按摩手法应中西并用，在符合生理规律的情况下操作，可以促进血液循环及新陈代谢，使肌肤得以滋养和舒展，同时还可以使肌肉结实，恢复皮肤弹性，缓解身体疲劳。

请同学们以上面所教授的两套按摩术为蓝本，自编一套约20个动作的按摩术，下次课上交流。

案例分析

王女士是某美容院的常客，工作了一天，晚上来到美容院做面部护理顺便想放松一下。为王女士做护理的美容师小徐是刚从美容学校毕业的实习生。小徐照例为王女士清洁面部后，再做面部按摩。当按摩结束时，王女士对小徐说："你的按摩不舒服，没有让我放松的感觉。"请分析导致这种问题发生的原因，并对小徐提出建议。

_____

_____

_____

_____

项目总结

"按摩"一词源自希腊语，原意是"揉搓"和"按压"，是一种古老的治疗方法。它是通过美容师的双手在顾客的头面部按照肌肤生理特点进行的一系列柔和的机械运动，产生良性的物理刺激。

人通过按摩，可以调气血、通经络，不但使面部肌肤的生理状况得到改善，而且促进了机体中有利于健康的激素分泌，它给人们带来舒适愉快的轻松感受，会使顾客对美容护理产生生理需求并获得精神上的慰藉，再加上按摩过程中化妆品的合理使用，会使化妆品的功效在此过程中得到有效发挥。

　　面部美容按摩是面部皮肤护理中的重要环节，同时最能体现美容师的技能水平。科学的美容按摩方法，对于优化面部护理具有事半功倍的显著效果。同学们应在理解理论知识的基础上，加强按摩手法的训练，以达到熟练掌握。

项目实训

一、判断题（下列判断正确的请打"√"，错误的打"×"）

1. 四白穴眼平视，瞳孔直下，眼眶上缘处，属于足阳明胃经。（　　）

2. 颧髎穴在面部，当目外眦直下，颧骨下缘凹陷处，属于手太阳小肠经。（　　）

3. 承浆穴在下颌正中线，下唇缘下方凹陷处，属于督脉。（　　）

4. 耳前三穴——听会穴、听宫穴、耳门穴，都属于足少阳胆经。（　　）

5. 眼部损美问题包括容易出现鱼尾纹、眼袋、黑眼圈、水肿等。（　　）

二、单项选择题（下列每题的选项中，只有一个是正确的，请将正确的代号填在横线空白处）

1. 印堂穴位于前额部，当两眉头间连线与前正中线之交点处，属于_____。

　　A. 任脉　　　　　　　　　　　B. 督脉

　　C. 经外奇穴　　　　　　　　　D. 带脉

2. _____，位于鼻翼两侧0.5寸处（手阳明大肠经）。

　　A. 鼻通穴　　　　　　　　　　B. 大迎穴

　　C. 承浆穴　　　　　　　　　　D. 迎香穴

3. 下关穴，位于面部的_____区域。

　　A. 鼻部　　　　　　　　　　　B. 眼部

　　C. 面颊　　　　　　　　　　　D. 口周

4. 额部和眼部也是整个面部按摩的重点，所占时间比约为_____。

　　A. 10%　　　　　　　　　　　B. 30%

　　C. 50%　　　　　　　　　　　D. 80%

5. _____肌肉缺乏骨骼支持，颈阔肌较薄，其下是气管、喉管，按摩时力度应轻柔，一带而过，不宜多刺激。

　　A. 眼部　　　　　　　　　　　B. 鼻部

　　C. 唇部　　　　　　　　　　　D. 脖颈部

三、看图说话题

世界技能大赛美容项目的面部按摩是脸与颈部连在一起的，结合下图总结步骤。

项目反思

项目五

面膜护理

情境
导入

　　敷涂面膜是美容院用来清洁、保养及改善皮肤问题的王牌美容手段。面膜是护理皮肤最直接有效的方法。它是将营养物质、药物，或营养物质与药物的混合物调成糊状或溶于黏性基质中敷涂于面部，以护肤美肤或治疗皮肤病的一种化妆术和治疗法。

　　许多女性的美容意识也是从面膜开始的，下面请跟着李瑛一起分享各种面膜护理方法吧……

着手的任务是

我们的目标是

- 会软膜的敷涂方法
- 会硬膜的敷涂方法
- 会海藻面膜的敷涂方法

- 掌握敷涂软膜的规范流程
- 掌握敷涂硬膜的规范流程
- 掌握敷涂海藻面膜的规范流程

任务实施中

任务一　敷涂软膜

软膜是一种粉末状的面膜。与其他面膜不一样，在整个使用过程中，软膜总保持着一种湿湿的状态，软软地、服服帖帖地"趴"在皮肤上，所以人们就称它为软膜。软膜敷在面部皮肤上，皮肤自身分泌物被膜体阻隔在膜内，给表皮补充足够的水分，使皮肤明显舒展，细碎皱纹消失。

美容院常规敷涂软膜的操作顺序为：

准备 —→ 调膜 —→ 敷膜 —→ 卸膜 —→ 清洁

敷涂软膜的步骤和方法如下：

软膜护理操作步骤和方法

图5-1-1

* **操作示范**　图5-1-1 物品准备

* **操作说明**　准备面膜原料、调膜碗、调膜棒、面膜刷、清水、小盆等，且摆放整齐。

* **操作示范**　图5-1-2 取用膜粉

* **操作说明**　将适量的膜粉倒入消毒过的调膜碗中。

* **注意事项**　选择不含酒精，质地细腻，可吸收面部的油脂，凝固时间适中，无毒，能安全使用，较容易清洗的面膜原料。

图5-1-2

图5-1-3　　　　　　　　　　　　　　　　图5-1-4

● **操作示范**　图5-1-3、图5-1-4　调拌面膜

● **操作说明**　加入适量的纯净水，用调膜棒迅速将其搅拌调成均匀糊状。

● **注意事项**　冬季可用温水调膜。

　　　　　　　若是成品面膜，则省去该步骤。

　　　　　　　调膜时间在30秒内。

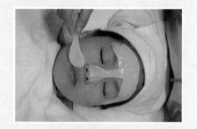
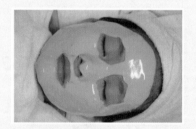

图5-1-5　　　　　　　　　　　　　　　　图5-1-6

● **操作示范**　图5-1-5、图5-1-6　敷涂面膜

● **操作说明**　用柔软的面膜刷或调勺将糊状软膜均匀涂于面部。顺序为前额—双颊—鼻—下颌—口周。

　　　　　　　涂抹走向：从中间向两边，由下往上，顺时针涂抹。

● **注意事项**　1~2分钟内应将整脸敷膜完成。

　　　　　　　尽量厚薄均匀，且避开眼部和唇部。

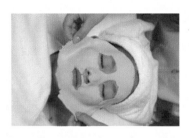

图5-1-7

- **操作示范**　图5-1-7 揭卸面膜

- **操作说明**　凝结性面膜，从下颌、颈部的边缘开始，慢慢卷起，轻轻整体揭下。

　　非凝结性面膜，可用海绵扑或无纺纸巾蘸水擦拭干净。

- **注意事项**　避免强行剥落面部残留面膜。

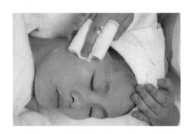

图5-1-8

- **操作示范**　图5-1-8 清洁面部

- **操作说明**　用湿的洁面巾将面部擦拭并清洗干净。

 注意事项

1. 根据顾客的皮肤状况，正确选择面膜。
2. 敷膜动作要迅速、熟练、正确。
3. 敷膜厚度适宜、膜面光滑均匀，凝结式软膜应能整张取下。
4. 敷膜过程干净、利索，结束后周围不遗留膜粉渣。

任务评价

以小组为单位，实施敷涂软膜练习，并进行评比。

敷涂面膜

评价内容		内容细化	配分	评分记录			
				学生自评	组间互评	教师评分	总分
1	调膜	调膜动作熟练	10				
		膜粉数量得当	10				
		调好的面膜稀稠适中	10				
2	敷膜	方法正确	10				
		动作熟练	10				
		膜面光滑	10				
		厚薄均匀	10				
3	卸膜	动作利索	10				
		卸膜完整	10				
4	清洁	清洗干净、彻底	10				

 相关链接

软膜的分类

软膜粉调和后敷涂在皮肤上形成质地细软的薄膜，性质温和，对皮肤没有压迫感，膜体敷在皮肤上，给表皮补充足够的水分，使皮肤明显舒展，细碎皱纹消失。常用的软膜有维生素E软膜、叶绿素软膜、当归软膜、珍珠软膜、肉桂软膜和人参软膜。

1. 维生素E软膜，在软膜粉中加入维生素E成分，具有抗衰老作用，适用于衰老性皮肤和敏感皮肤。

2. 叶绿素软膜，在软膜粉中加入叶绿素成分，具有清凉解毒作用，适用于油性皮肤和暗疮皮肤。

3. 当归软膜，在软膜粉中加入中药当归，具有改善肤色的作用，适用于缺血型面色苍白或枯黄的皮肤及色斑皮肤。

4. 珍珠软膜，在软膜粉中加入珍珠粉，可使皮肤光滑细腻延缓衰老，适用于衰老性皮肤和干性皮肤。

5. 肉桂软膜，在软膜粉中加入中药肉桂，具有消炎解毒的作用，适用于暗疮皮肤。

6. 人参软膜，在软膜粉中加入人参成分，具有抗衰老的作用，适用于干性皮肤及衰老性皮肤。

 任务拓展

社会调查

从敷涂面膜到揭启面膜有长长的20分钟，请同学们以组为单位，课后调查几个美容机构，总结调查时美容师的工作状态，下一次课中与同学们分享。

_____

_____

_____

_____

_____

_____

_____

_____

_____

_____

_____

_____

_____

_____

_____

_____

_____

任务二　敷涂硬膜

　　硬膜是常用面膜的一种，主要成分是医用石膏粉。硬膜的特点是，用水调和后很快凝固，敷涂于皮肤后自行凝固成坚硬的膜体，使膜体温度持续渗透。硬膜又分为冷膜和热膜两种。

　　冷膜可以对皮肤进行冷渗透，具有收敛作用，对毛孔粗大的皮肤有明显的收敛效果，并可改善油性皮肤皮脂分泌过旺状态。冷膜适用于暗疮皮肤、油性皮肤和敏感皮肤。

　　热膜对皮肤进行热渗透，使局部血液循环加快，皮脂腺、汗腺分泌量增加，促进皮肤对营养和药物的吸收功能，具有增白和减少色斑的效果。热膜适用于干性皮肤、中性皮肤、衰老性皮肤和色斑皮肤。

　　敷涂硬膜的操作顺序为：

准备 ⟶ 调膜 ⟶ 倒膜 ⟶ 启膜 ⟶ 清洁

　　敷涂硬膜的步骤和方法如下：

硬膜护理操作步骤和方法

图5-2-1

- **操作示范**　图5-2-1 准备（1）

- **操作说明**　准备营养底霜、面膜原料、调膜碗、调膜棒、面膜刷、美容纸巾、脱脂棉片或纱布、清水、小盆等，且摆放整齐。

　　彻底清洁顾客面部皮肤，根据顾客皮肤特点，选用合适的营养底霜，均匀地涂于整个面部。眼部可用营养眼霜。对于汗毛过密、偏长者，应将底霜适当涂厚。

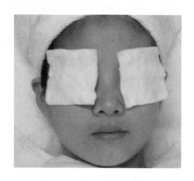

图5-2-2

- 操作示范　图5-2-2 准备（2）

- 操作说明　将头重新包好，将头发尽量包入包头毛巾内，用潮湿的薄棉片或两层纱布将眼睛、眉毛、嘴及鬓角裸露的所有毛发盖住，当顾客有不适时，应适当留出口，或眼睛不遮盖。

- 注意事项　询问顾客有无感冒、咳嗽等呼吸道不适症；有无心脏病、胸闷、恐黑等症；确定倒膜时，是否可以将顾客口、眼盖住。

图5-2-3

- 操作示范　图5-2-3 调膜

- 操作说明　将250~300克的膜粉倒入容器内，用适量的蒸馏水（热膜用温热水）将膜粉迅速调成均匀糊状。

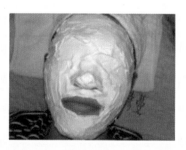

图5-2-4

- 操作示范　图5-2-4 倒膜

- 操作说明　将糊状膜粉迅速、均匀地涂于面部。一般情况下，倒冷膜时，可空出眼睛、鼻孔；倒热膜时，除鼻孔外，面颊整个倒膜。倒膜过程应在3分钟之内完成。

图5-2-5

● 操作示范　图5-2-5 启膜

● 操作说明　15~20分钟后，请顾客做一个笑的动作，将膜与脸的上部皮肤分开，再用双手的中指扶住下颌部膜边，轻轻向上托起，使膜与脸颊皮肤完全分开，双手托住面膜，稍离顾客面部停留3~5秒，使顾客眼睛适应光线后，将膜取下。

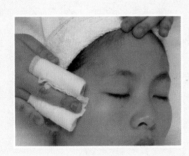

图5-2-6

● 操作示范　图5-2-6 清洁

● 操作说明　用湿的美容巾将面部擦拭干净。

 注意事项

1. 倒膜部位清楚、正确，倒膜动作迅速、熟练，涂抹方向、顺序正确。

2. 倒膜厚薄适度、均匀，膜面光滑，能整膜取下。

3. 倒膜过程干净、利索，倒膜全部结束，周围不遗留膜粉渣滓。

4. 倒膜是一种普遍使用的、有效的护肤方法。但对于一些特殊的问题皮肤或特殊情况的顾客应慎用或禁用：严重过敏性皮肤慎用；局部有创伤、烫伤、发炎感染等暴露性皮肤症状者禁用；严重的心脏病、呼吸道感染、高血压等病的患者，在发病期应慎用或禁用。

任务评价

以小组为单位，实施敷硬膜练习，并进行评比。

	评价内容	内容细化	配分	评分记录			
				学生自评	组间互评	教师评分	总分
1	准备	做好必要的遮盖	10				
2	调膜	调膜动作熟练	10				
		调好的面膜稀稠适中	10				
3	倒膜	方法正确	10				
		动作熟练	10				
		膜面光滑	10				
		厚薄均匀	10				
4	启膜	动作利索	10				
		启膜完整	10				
5	清洁	清洗干净、彻底	10				

相关链接

电子面膜是一种新型的特殊面膜，形似面罩。由于面膜本身温度适宜，因此，可以软化表皮，使面膜深入渗透皮肤。电子面膜不仅适用于干性皮肤，而且适用于油性皮肤。对于油性皮肤，它可以用溶解死皮、脂肪的溶剂去软化油脂、污垢，深入清洁皮肤；对于干性皮肤，则可用晚霜、润肤霜或可深入渗透皮肤的面霜相配合，滋润皮肤。电子面膜不适于暗疮及敏感性皮肤使用。

 任务拓展

自制果蔬面膜

果蔬面膜的特点是使用纯天然物质，由各种水果蔬菜，加辅助材料调配而成，可补充皮肤多种维生素，使皮肤滋润、洁白、清新。常见果蔬面膜有香蕉泥面膜、番茄泥面膜、马铃薯泥面膜、西瓜泥面膜等。请同学们课后，自制一款果蔬面膜，下一次课中将制作感受和敷后效果与同学们分享。

任务三　敷涂海藻面膜

　　海藻面膜含有海藻提取物的矿物质成分，可控油清洁毛孔，为皮肤提供充足的水分，镇静疲劳、粗糙的皮肤，使皮肤维持细腻、有光泽。纯天然植物海藻，是一种多功能有效美容面膜，它含有蛋白质、维生素E，能对面部皮肤起到去皱、去斑、美白、消炎，消除眼部眼袋、皱纹，增加营养水分的作用，使肌肤更有弹性和青春力。

　　敷涂海藻面膜的操作顺序为：

准备 ⟶ 制膜 ⟶ 敷膜 ⟶ 揭膜 ⟶ 清洁

　　敷涂海藻面膜的步骤和方法如下：

海藻面膜护理操作步骤和方法

图5-3-1

● **操作示范**　图5-3-1 物品准备

● **操作说明**　准备海藻面膜原料、调膜碗、调膜棒、量勺、温水、面膜模型板、面膜纸。

● **注意事项**　在彻底清洁顾客面部皮肤后操作。

图5-3-2（1）

● **操作示范**　图5-3-2（1）制膜

● **操作说明**　取15克左右的海藻颗粒均匀地撒在湿的面膜纸上。

图5-3-2（2）

- **操作示范**　图5-3-2（2）　制膜

- **操作说明**　取50毫升温水将海藻颗粒浸润。

- **注意事项**　海藻颗粒覆盖要匀称。

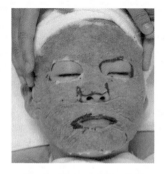

图5-3-3

- **操作示范**　图5-3-3 敷膜

- **操作说明**　将蘸有海藻颗粒的面膜纸贴在顾客脸上。
  敷膜时间为20分钟。

- **注意事项**　海藻面膜不能太湿，否则水滴会流到顾客的颈部，引起不适。

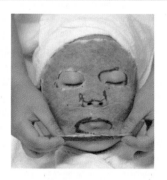

图5-3-4

- **操作示范**　图5-3-4 揭膜

- **操作说明**　将面膜轻轻揭下。

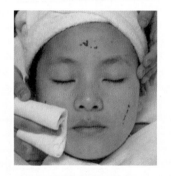

图5-3-5

- **操作示范**　图5-3-5 清洁

- **操作说明**　用湿的洁面巾将面部擦拭干净。

🔧 任务拓展

寻找上乘海藻面膜

　　海藻面膜是一种多功能有效美容面膜，但是市面上海藻面膜的质量参差不齐，请课后寻找几款海藻面膜，从颜色、形状、出胶等方面进行鉴别，并在下次课中与同学们分享。

_____

_____

_____

_____

_____

_____

_____

_____

_____

_____

_____

_____

_____

_____

📎 项目总结

　　面膜美容是现代流行的美容护理方法之一，越来越受到人们的青睐。面膜疗法也是美容院用来清洁、保养及改善皮肤的重要美容手段。通过面膜疗法可以将皮肤表层脱落的细胞、深层的污垢及平时难以清洁到的部位完全清洁；覆盖在面部皮肤表面，软化角质层，易于营养物质的吸收，从而达到美容的效果。有些面膜还有收紧皮肤、解决皮肤问题等特殊作用。

本项目着重介绍软膜、硬膜、海藻面膜的敷涂方法。掌握这一技能，是美容师职业技能的基本要求。希望通过本项目的系统学习，结合教学实践，同学们能融会贯通，刻苦训练，熟练掌握。

📋 项目实训

一、判断题（下列判断正确的请打"√"，错误的打"×"）

1. 敷软膜前，应在软膜粉中加入适量的纯净水，用调膜棒搅拌调成液状。（　　）

2. 要根据顾客的皮肤状况，正确选择面膜。（　　）

3. 敷膜厚度适宜、膜面光滑均匀，凝结式软膜应能整张取下。（　　）

二、单项选择题（下列每题的选项中，只有一个是正确的，请将正确的代号填在横线空白处）

1. 冷膜适用于 _____。

A. 中性皮肤　　　　　　　　　　B. 干性皮肤

C. 油性皮肤　　　　　　　　　　D. 混合性皮肤

2. 倒膜的过程应在 _____ 之内完成。

A. 3分钟　　　　　　　　　　　B. 10分钟

C. 15分钟　　　　　　　　　　　D. 30分钟

3. 属于纯天然、多功能面膜的是 _____。

A. 硬膜　　　　　　　　　　　　B. 软膜

C. 纸面膜　　　　　　　　　　　D. 海藻面膜

三、看图说话题

世界技能大赛美容项目的敷涂面膜要求比较高，结合标准图，谈谈你的体会。

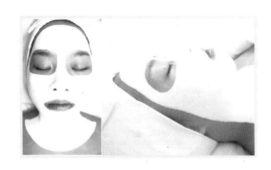

项目反思

日期：　　　年　月　日

项目六
结束工作

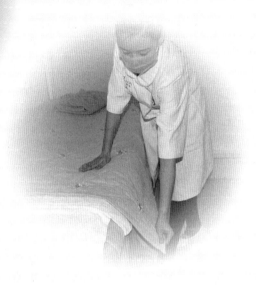

情境
导入

学会了敷面膜，李瑛热情很高，回到家也动手给自己美一美，可做过面膜的脸并没有想象中的光滑、滋润，是不是还缺少一个步骤呢？……

着手的任务是

我们的目标是

- 学习护后滋养各步骤操作
- 学习结束整理
- 学习填写护理表

- 了解护后滋养的目的
- 会护后滋养操作
- 会结束整理
- 会填写护理表

任务实施中

任务一　护后滋养

　　滋润保养是皮肤美容护理的最后一步，其主要目的是利用化妆水和润肤霜保养、滋润皮肤，在皮肤表面建立弱酸性保护膜，减少外界环境对皮肤的损伤。在操作时，应首先根据顾客的年龄、皮肤类型及气候选择适宜的护肤类化妆品。滋润保养皮肤的步骤、操作方法、操作要求及注意事项如下。

护后滋养操作步骤和方法

爽肤润肤

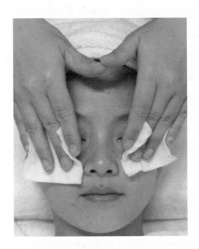

图6-1-1

- **操作示范**　图6-1-1 拍化妆水

- **操作说明**　将蘸有化妆水的棉片依次轻擦于顾客额头部位、双颊部位、鼻部、下颌部位。

　　用双手指尖点弹、轻拍面部，以便化妆水被皮肤充分吸收。

　　也可用喷雾仪喷脸，这种方法对缺水的皮肤最有效。

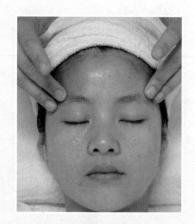

图6-1-2

● 操作示范　图6-1-2 涂营养霜

● 操作说明　取适量营养霜，按照肌肤纹理走向薄而均匀地涂于顾客面部、颈部。

以点拍手法直至产品充分渗入皮肤。

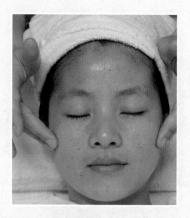

图6-1-3

● 操作示范　图6-1-3 涂隔离霜

● 操作说明　根据顾客不同的肤色选择隔离霜。

取适量隔离霜，按照肌肤纹理走向薄而均匀地涂于顾客面部、颈部。

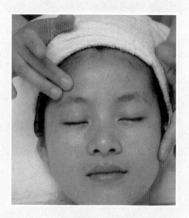

图6-1-4

● 操作示范　图6-1-4 涂防晒霜

● 操作说明　取适量防晒霜，按照肌肤纹理走向薄而均匀地涂于顾客面部、颈部。

白天做护理后需要使用，晚间做护理后可省略该步骤。

 相关链接

护肤有昼夜之分

对肌肤的呵护有早晚有别、昼夜之分。白天，皮肤在恶劣的环境中进行新陈代谢，它最大的敌人就是阳光、脏空气、污染物。另外，彩妆对皮肤也有一定的不利影响。所以这时候的皮肤最需要隔离这些"敌人"，受到防护，得到最好的呵护。

而晚上则不同了。皮肤学专家及皮肤病理学家们长期观察研究发现，晚上11点至凌晨5点是皮肤细胞生长和修复最旺盛的时候，这时候细胞分裂的速度比平时快8倍左右，因而对护肤、滋养品的吸收率特别高。所以，这时候最需要的是滋养肌肤，加速细胞的新陈代谢，让肌肤变得更加有弹性，更加细腻。

细说化妆水

爽肤水、柔肤水统称为化妆水。爽肤水、柔肤水其实区别不是太大。爽肤水更适合天气较热，脸上比较爱出油的天气使用，柔肤水更适合干燥的季节使用。

1. 爽肤水（又称收缩水、收敛水、紧肤水）：一般以弱酸性为主，有清凉感，水分、酒精在蒸发中导致皮肤暂时性的温度降低，令毛孔收缩。有再次清洁、收缩毛孔、抑制油分的作用。适合毛孔粗大的油性、混合性，以及易长痘痘的肤质。

2. 柔肤水：以软化角质、嫩滑为特点，一般pH值偏向弱碱性。可帮助皮肤加速清除老化角质，多适宜肤色较黯淡的油性、混合性肤质。

任务二　结束整理

服务是企业的核心竞争手段，服务质量的高低，其差别就体现在细节上。而服务的结束工作是最容易被忽略的服务环节。按照程序做好护理的结束工作，其目的是培养美容师有条不紊、善始善终的良好习惯。同时也有助于保持美容院干净、整洁、有序的工作环境，给顾客留下细致周到的良好印象。

一、协助客人整理

协助客人整理

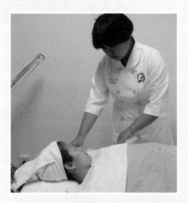

图6-2-1

● **操作示范**　图6-2-1 告知流程结束

● **操作说明**　告知顾客护理程序已经结束，并询问还有什么需要帮助。

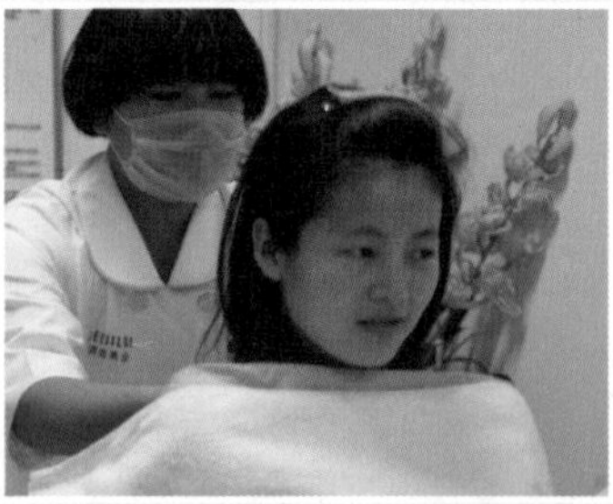

● **操作示范**　图6-2-2 扶顾客起身

● **操作说明**　解开顾客头上的包巾，拿掉顾客身上的毛巾及扶顾客起身，注意不要使污物弄脏顾客的衣服。

图6-2-2

图6-2-3

* **操作示范**　图6-2-3 帮助顾客整理

* **操作说明**　帮助顾客整理衣物、头发。

如果顾客需要，可为顾客补妆。

图6-2-4

* **操作示范**　图6-2-4 填写护理卡

* **操作说明**　询问顾客对本次服务的感受，征求意见，随时改进。

图6-2-5

* **操作示范**　图6-2-5 亲送顾客

* **操作说明**　送顾客到门口，如有天气突变情况，应帮助解决。

二、工作区域整理

工作区域整理

图6-2-6

* **操作示范**　图6-2-6 清理推车物品

* **操作说明**　整理用品用具，做好区域的清洁卫生工作，如手推车、地面、污物桶等的清洁。

清洁、消毒仪器附件。

● 操作示范　图6-2-7 整理床位

● 操作说明　换上干净的床单、毛巾，准备迎接新顾客。

图6-2-7

此外，有的美容院，美容师还被要求护理后回访跟踪。回访跟踪是建立良好信誉的保障。美容师可以通过电话、短信、邮件等回访顾客，让顾客谈谈护理后的感受，并提醒顾客居家护理的注意事项、预约下次护理时间等，同时也可以将美容院的最新产品和项目介绍给顾客，为顾客提供有力的帮助。

 任务评价

以小组为单位，进行美容师结束工作时工作区域整理的规范操作，并进行评比。

结束工作

评价内容		内容细化	配分	评分记录			
				学生自评	组长评分	教师评分	总分
1	清理推车	推车保洁	15				
		物品归位	15				
2	床位整理	更换床单	10				
		摆放"三巾"	15				
3	清洁消毒	清洁、消毒仪器附件	15				
4	环境清洁	清扫地面	15				
		清倒垃圾	15				

任务三　填写护理卡

当护理结束时，美容师应当着顾客的面填写护理卡，在填卡时还应遵循以下要求：

1. 向顾客讲清楚填写此表的目的，以取得顾客的积极配合。
2. 填写字迹要清晰，不可随意涂改。
3. 填写内容要及时、真实、准确，对每次护理情况都要认真记录。
4. 顾客护理表的姓名应按照顺序排列，便于记忆，也可以用电子表格。
5. 填写时应尊重顾客意愿，切忌强行记录。
6. 应为顾客保守秘密，如顾客的年龄、住址或美容消费项目、消费金额等都属于保密范畴，不可随意让人翻阅。顾客面部皮肤常规护理一般每周一次，一个月为一个疗程。

护理卡范例如下表：

顾客面部皮肤常规护理卡

　　　　　　　　　　　　　　　　　　　　　　　　　　　　年　月　日

顾客姓名		出生年月		婚姻	
地址				电话	
职业				开卡日期	
皮肤鉴别方法	肉眼观察法□　　　放大镜观察法□　　　皮肤测试仪观察法□				
皮肤类型	中性□　　　油性□　　　干性□　　　混合性□				
毛孔（注明分区部位） 细小 _____ 适中 _____ 粗大 _____					

续表

湿润性：较好□　　中等□　　缺水□ 皮肤厚薄（注明分区部位） 厚 _____ 中等 _____ 薄 _____	

皱纹（注明分区部位）：_____

敏感（注明分区部位）：_____

曾对护肤品过敏　　　□有（名称：　　　　　　　）　□无

曾接受过换肤　　　　□有（名称：　　　　　　　）　□无

肤色：良好□　　一般□　　差□
皮肤的瑕疵：疤痕□　黑斑□　雀斑□　皱纹□　黑黄色素□　暗疮□
粉刺□　毛孔粗大□
其他：_____

护理过程1：

顾客评价 　　　　　　　年　月　日	美容师自评 　　　　　　　年　月　日

护理过程2：

顾客评价 　　　　　　　年　月　日	美容师自评 　　　　　　　年　月　日

续表

护理过程3:	
顾客评价 　　　　　　　　　年　　月　　日	美容师自评 　　　　　　　　　年　　月　　日

 **项目总结**

　　按照要求做好护理后的结束工作，包括护后滋养、结束整理、填写护理卡等环节，其目的是培养美容师有条不紊、善始善终的良好习惯，同时给顾客留下细致、周到、专业、规范的良好印象，以便留住顾客。

项目实训

　　一、判断题（下列判断正确的请打"√"，错误的打"×"）

　　1. 护理结束前，美容师应取适量粉底液，按照肌肤纹理走向薄而均匀地涂于顾客面部、颈部。（　　　）

　　2. 服务是企业的核心竞争手段，服务质量的高低，其差别就体现在细节上。（　　　）

　　3. 填写内容要及时、真实、准确，对每次护理情况都要认真记录。（　　　）

　　二、单项选择题（下列每题的选项中，只有一个是正确的，请将正确的代号填在横线空白处）

　　1. 美容院皮肤美容专业护理的最后一个步骤是 ＿＿＿＿＿。

　　A. 面部按摩　　　B. 敷涂面膜　　　C. 洁面清洁　　　D. 护后滋养

　　2. 顾客面部皮肤常规护理一般每周一次，＿＿＿＿＿ 为一个疗程。

　　A. 一个月　　　B. 一个季度　　　C. 半年　　　D. 一年

　　三、简述题

　　美容护理的结束工作包括哪些？请你结合实际跟同学们讲讲注意事项。

 项目反思

日期：　　年　月　日

项目七

整体护理流程

情境
导入

马上就要期末考试了，李瑛按照老师的要求，把前面学习过的内容一项一项地串联起来进行实操训练，争取考出一个自己满意的成绩，朝着理想的目标努力……

着手的任务是

我们的目标是

- 学习面部护理基础流程
- 学习面部正常皮肤护理流程

- 掌握面部护理基础流程
- 掌握面部正常皮肤护理流程

任务实施中

任务一　面部护理基础流程

　　皮肤护理是指运用一定的方法，并配合特定的手法和护肤品，对人体面部皮肤进行清洁、保养、治疗，使之更趋于健康、自然、光滑、柔软，更富有弹性。在专业美容院，美容师往往需要按照一定的工作流程来对顾客进行护理。这里的流程不仅指面部护理流程的操作，而且泛指从各种准备开始到客人离开之间的所有工作程序。为了保证护理工作能够有条不紊地顺利进行，美容师不仅要重视护理操作的每一个步骤，而且应该做好护理操作前的准备工作和护理后的结束工作。美容师需要树立一种观念，即有序的工作是完美服务的最基本保障。

一、面部护理基础流程

　　面部护理流程是由一个一个相对独立的步骤串联而成的。在高一上半学期，要求比较低，只需要掌握最基础的九项流程，随着年级的升高、学习的深入，护理流程的内容会逐渐增多。面部护理的基础流程包括：

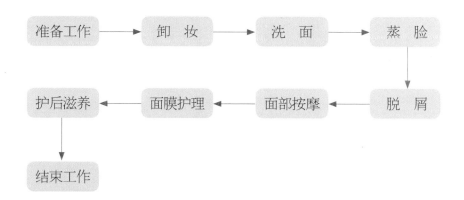

- **操作步骤**　图7-1-1 座位姿势

- **操作要点**　顾客体位：仰卧位；

　　　　　　　美容师体位：面向顾客头顶，坐位。

- **注意事项**　美容师应戴上口罩。

图7-1-1

- **操作步骤**　图7-1-2 准备工作

- **操作要点**　护理产品、棉片、洁面巾、酒精棉球、盛器等用具一应备齐；

　　　　　　　毛巾覆盖规范，包括"三巾"（包头毛巾、胸前巾及垫头巾）；

　　　　　　　包头巾松紧适度，不可露出发际线；

　　　　　　　迎接顾客，协助顾客仰面躺在美容床上；

　　　　　　　用具、双手再一次消毒。

- **注意事项**　美容用品、用具准备齐全，时间为5分钟。

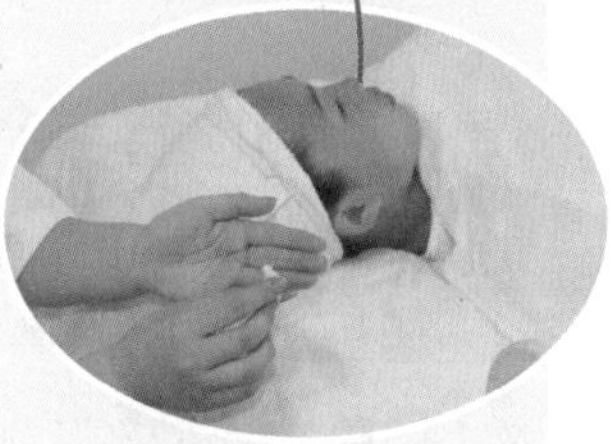

图7-1-2

- **操作步骤**　图7-1-3 表层清洁（卸妆+洗面）

- **操作要点**　卸妆手势及程序规范；

　　　　　　　动作轻柔、到位；

　　　　　　　彻底清洁；

　　　　　　　清洁部位包括面部、耳朵和脖颈部。

- **注意事项**　没有化妆的顾客可以省略卸妆步骤；

　　　　　　　无论顾客是否化妆都必须洗面；

　　　　　　　清洁要彻底。

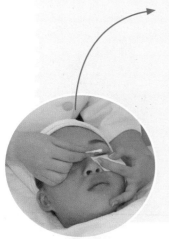

图7-1-3

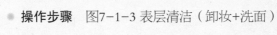

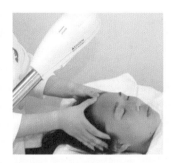

● **操作步骤**　图7-1-4 蒸脸

● **操作要点**　用热毛巾或喷雾仪蒸脸。

● **注意事项**　动作熟练，温度适宜，时间符
　　　　　　　合要求。

图7-1-4

● **操作步骤**　图7-1-5 深层清洁（脱屑）

● **操作要点**　脱屑产品与脱屑手法相符；

　　　　　　　手法熟练，力度适中；

　　　　　　　彻底清洁。

● **注意事项**　脱屑应根据皮肤的纹理走向；

　　　　　　　脱屑产品涂抹均匀。

图7-1-5

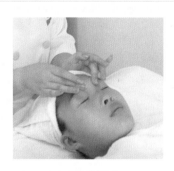

● **操作步骤**　图7-1-6 面部按摩

● **操作要点**　能完成面部按摩术全套动作；

　　　　　　　手法符合按摩基本原理。

● **注意事项**　力度适中，频率、节奏适宜，点
　　　　　　　穴准确，手法规范。

图7-1-6

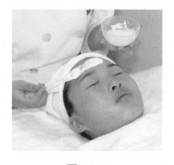

● **操作步骤**　图7-1-7 面膜护理

● **操作要点**　膜粉与水比例适度，厚薄适度；

　　　　　　　正确敷涂，规范操作。

● **注意事项**　敷膜均匀，厚薄适中，形状美观。

图7-1-7

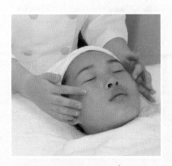

图7-1-8

- **操作步骤**　图7-1-8 护后滋养

- **操作要点**　拍爽肤水；

　　涂润肤露、隔离霜、防晒霜等。

- **注意事项**　根据皮肤的类型和特点选用护肤品；

　　动作轻柔；

　　弹拍至渗透为止。

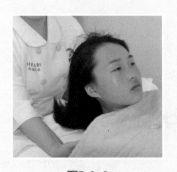

图7-1-9

- **操作步骤**　图7-1-9 结束工作

- **操作要点**　帮助顾客起身，为顾客整理发型；

　　当面填写护理卡；

　　引领顾客离场；

　　清理工作位置。

- **注意事项**　树立服务意识，让顾客满意而归。

注意事项

个人仪表：

1. 束发，且无发丝下垂
2. 化淡妆
3. 无饰品
4. 戴口罩
5. 不留指甲、不涂指甲油

服务礼仪：

1. 礼貌微笑接待顾客
2. 使用礼貌用语"您好""请""谢谢"等

3. 能适当运用身体语言为顾客服务

4. 在操作全过程中体现顾客至上的精神

安全与卫生：

1. 严格按用水、用电、安全卫生规范操作

2. 产品取用使用刮棒

3. 所用工具、用具消毒

4. 双手二次消毒

时间掌控：

1. 皮肤表层清洁时间不超过3分钟

2. 喷雾时间不超过7分钟

3. 皮肤按摩时间不超过15分钟

4. 面膜护理时间不超过20分钟

5. 整套程序总时不超过60分钟

二、期末考试准备及要求

教师准备		
序号	用品用具	备注
1	美容床（床罩）	
2	美容凳	
3	手推车	
4	喷雾仪	
5	消毒柜	
6	毛巾毯	
7	污物桶	考场设备除消毒柜以外，人手一套，教师应按照考生数量配备。
8	洗脸盆（附一次性塑料袋）	
9	面膜碗、刮板	
10	面膜粉（适量）	
11	洗面奶（中性）	
12	按摩膏（中性）	
13	化妆水（中性）	
14	去角质膏	
15	润肤霜	

续表

学生准备		
序号	用品用具	备注
1	棉签	若干
2	毛巾	3条
3	小棉片	若干
4	一次性洗面巾	30厘米长，两条
5	餐巾纸	若干
6	酒精棉球	若干
7	工作服	1件
8	口罩	1只
9	一次性床单	1条

 任务评价

面部护理基础流程评分记录表

序号	考核内容	考核要点	分值	评分标准	扣分	得分
1	护肤前准备	1. 盖毛巾被的正确方法 2. "三巾"使用正确 3. 鞋子归位 4. 操作用品用具摆放整齐	5	有一项不符合要求扣2分，扣完为止		
2	消毒卫生	1. 用品用具的消毒 2. 美容师双手二次消毒 3. 操作过程符合卫生要求，如用刮板取护肤品等 4. 戴口罩进行操作	5	有一项不符合要求扣2分，扣完为止		
3	清洁皮肤	1. 卸妆操作程序、方法正确 2. 卸妆彻底 3. 纸巾、棉片、洗面海绵等的使用方法正确 4. 洗面操作程序正确、清洁彻底	20	有一项不符合要求扣5分，扣完为止		

序号	考核内容	考核要点	分值	评分标准	扣分	得分
4	蒸脸	1. 操作规范 2. 方法正确 3. 时间适宜	5	有一项不符合要求扣2分，扣完为止		
5	按摩手法	1. 符合按摩基本原则：按摩方向与肌肉走向一致 2. 根据不同部位施力，速度平稳，有节奏感 3. 手指动作灵活、协调，前后连贯 4. 按摩时间为15~20分钟 5. 能完成整套按摩动作	20	前四项中有一项不符合要求扣3分，扣完为止 第五项不符合要求扣10分		
6	敷涂面膜	1. 调制面膜动作迅速、熟练 2. 调好后的面膜稀稠适中 3. 敷涂方法正确、膜面光滑 4. 厚薄均匀、形状美观 5. 启膜熟练、完整 6. 清洗彻底、干净	20	有一项不符合要求扣5分，扣完为止		
7	结束工作	1. 护后滋养品选用正确 2. 滋养手法到位 3. 能完成整套帮助顾客的结束整理工作 4. 能完成工作区域的结束整理工作	20	前三项中有一项不符合要求扣3分，扣完为止 第四项不符合要求扣10分		
8	仪态仪表	1. 仪表整洁、举止文雅、端庄大方 2. 符合个人卫生 3. 穿工作服、戴口罩	5	有一项不符合要求扣2分，扣完为止		
	合　计		100			

任务二　面部正常皮肤护理流程

　　人的皮肤按其皮脂腺的分泌状况，一般可分为四种类型，即中性皮肤、干性皮肤、油性皮肤和混合性皮肤。前面各项目的学习都为各类型皮肤护理的具体实施打下基础。

　　下面以干性皮肤和油性皮肤为例，通过表格的形式强化实际操作的连续性和规范性，达到对前面相关项目的总结和应用的目的。中性皮肤护理可参照基础流程操作，混合性皮肤则需要将油性皮肤、干性皮肤护理的方法结合起来使用。

一、干性皮肤护理流程

编号：　　　　　　日期：　　　　　　姓名：

疗程	用时（周数）	重点解决的皮肤问题
疗程1		
疗程2		
疗程3		

护理目的：1. 促进皮脂分泌，使皮肤得到滋润

　　　　　2. 结实肌肉，增强皮肤弹性

　　　　　3. 促进血液循环，增进新陈代谢

　　　　　4. 补充水分、油分，保持皮肤滋润，减少皱纹，预防衰老

护理重点：补水、保湿、营养、保持油分

步骤	产品	工具、仪器	操作说明
卸妆	卸妆液、洁面乳	棉片、棉签	动作幅度小，动作轻柔，勿将产品弄进顾客的眼睛 棉片、棉签为一次性使用

续表

步骤	产品	工具、仪器	操作说明
面部清洁	保湿洁面乳	洗面海绵或一次性无纺纸巾、小脸盆	动作轻快，时间控制在1分钟内
观察皮肤		肉眼或美容放大镜	看清皮肤问题及位置、程度，使操作有的放矢
蒸脸		喷雾仪或热毛巾	用棉片盖住双眼，不开臭氧喷雾仪喷口距离面部35厘米以上，时间约为3分钟
脱屑	去角质液或柔和去角质霜	纸巾若干张	操作时重新包头并将耳朵包进去，用胸前巾围裹脖子处，保护好脸的周围、颈部 动作轻柔，每月限做一次
面部按摩	滋润按摩膏	徒手按摩	以安抚法为主的深层按摩，10~15分钟 不要忽略颈部
敷涂面膜	高效滋润面膜或营养性软膜	调勺、小碗、纱布或面膜纸	可选用营养软膜
护后滋养	化妆水、保湿日霜、防晒霜		应特别注意涂抹防晒霜
家庭护理方案	日间护理		温水洗脸+保湿日霜+防晒霜
	晚间护理		卸妆乳+保湿洗面乳+双重保湿水+晚霜（精华素）
	饮食与习惯		注意营养的平衡，适当吃一些高蛋白及富含维生素A和脂肪的食物，如牛奶、猪肝、鸡蛋、鱼类、香菇、南瓜等，且多喝水。保证充足睡眠，晚上不熬夜，心情舒畅，不吸烟。饮酒和吸烟会使皮肤粗糙，且加速皮肤衰老的过程

二、油性皮肤护理流程

编号:　　　　　　日期:　　　　　　姓名:

疗程	用时（周数）	重点解决的皮肤问题
疗程1		
疗程2		
疗程3		

护理目的: 1. 及时清除污垢、老化角质细胞、多余皮脂，保持毛孔通畅，减少痤疮生长机会

　　　　　 2. 调节皮脂分泌，抑制皮脂过分溢出

　　　　　 3. 定期对皮肤进行消炎杀菌，避免细菌的滋生

　　　　　 4. 油性皮肤也会出现缺水现象，注意补水、保湿

护理重点: 清洁、补水、保湿

步骤	产品	工具、仪器	操作说明
卸妆	卸妆液、洁面乳	棉片、棉签	动作幅度小，动作轻柔，勿将产品弄进顾客的眼睛 棉片、棉签为一次性使用
面部清洁	油性洁面乳或洗面凝胶	洗面海绵或一次性无纺纸巾、小脸盆	动作轻快，时间控制在2~3分钟；毛孔粗大部位可多清洗两次
观察皮肤		肉眼或美容放大镜	看清皮肤问题及位置、程度，使操作有的放矢
蒸脸		喷雾仪或热毛巾	用棉片盖住双眼，喷口距离面部25厘米，臭氧喷雾时间约5分钟
脱屑	磨砂膏或去角质膏	纸巾若干张	操作时重新包头并将耳朵包进去，用胸前巾围裹脖子处，保护好脸的周围、颈部 动作轻柔，每月限做两次

续表

步骤	产品	工具、仪器	操作说明
面部按摩	青瓜或薄荷按摩膏	徒手按摩	以点穴为主的按摩手法，时间在10分钟以内。也可用"贾克奎医生"按摩法
敷涂面膜	油脂平衡面膜或冷膜	调勺、小碗、纱布或面膜纸	敷涂油脂平衡面膜10~15分钟，如需加冷膜则用纱布或面膜纸隔离
护后滋养	化妆水、水分日霜、防晒霜		应特别注意选择清爽无油产品
家庭护理方案	日间护理	油性洗面凝胶+水分日霜+无油防晒霜	
	晚间护理	卸妆液+油性洁面凝胶+植物收敛水（无须用晚霜）	
	饮食与习惯	应特别注意饮食结构；巧克力、奶油、咖啡、海鲜、辛辣刺激性食物和烟酒等应尽量避免，建议多吃新鲜水果、蔬菜、纤维食物，多喝水，保持肠胃功能正常，防止便秘	

 相关链接

"贾克奎医生"按摩法

"贾克奎医生"按摩法为欧洲著名皮肤科医生贾克奎博士发明的一种皮肤的按摩手法。它主要针对油性皮肤或不严重的痘痘皮肤。操作时，用拇指及食指轻捏小部分皮肤，同时做轻微的扭纹动作，直到喷出细雾般的皮脂为止。动作有些类似挤橙皮，其作用是促进皮脂向外移动至毛囊口外。

项目总结

美容师为顾客进行全面的皮肤护理需要采取一整套护理操作环节，每一个环节既相互关联又有各自不同的目标与要求。本项目是将前面护肤的知识与技能一个个分解内容进行整合，即完成对顾客进行基础护理的过程。

面部正常皮肤护理是护理美容服务中一项重要的基本服务内容，也是美容师最核心的岗位技能。精湛护理技术与显著护理效果会给顾客留下良好的印

象，有助于提升美容院的声誉。

当然，人的皮肤千差万别，同一类型皮肤的情况也有所不同，不能用同一种方法来处理所有的问题。美容师在实际操作时应注意灵活运用。在日常教学实践中，同学们应当刻苦训练，融会贯通，熟练掌握相关的操作技能。

 项目实训

一、判断题（下列判断正确的请打"√"，错误的打"×"）

1. 面部护理流程是由一个一个相对独立的步骤串联而成的，在高一上半学期，要求比较低，只需要掌握最基础的九项流程。（　　）

2. 在进行面部护理基础流程操作评分时，美容师的仪容仪表不评分。（　　）

3. 混合性皮肤的护理流程，需要将油性皮肤、干性皮肤两者的护理流程结合起来使用。（　　）

二、单项选择题（下列每题的选项中，只有一个是正确的，请将正确的代号填在横线空白处）

1. "蒸脸"这一步骤，主要是辅助 ＿＿＿＿＿，使其效果更显著。

A. 面部按摩　　B. 敷涂面膜　　C. 洁面清洁　　D. 护后滋养

2. 面部基础护理整套程序一般不超过 ＿＿＿＿＿ 分钟。

A. 10　　　　　B. 30　　　　　C. 60　　　　　D. 90

3. 面部基础护理的考核点有 ＿＿＿＿＿ 个。

A. 2　　　　　B. 4　　　　　C. 6　　　　　D. 8

三、简述题

结合世界技能大赛美容项目，请你讲讲"面部基础护理"与"面部高级护理"有哪些步骤。

 项目反思

日期：　　　年　　月　　日

参考答案

项目一 准备工作

一、判断题

1. × 2. √ 3. √

二、单项选择题

1. C 2. D 3. A

三、看图说话题

第一层的摆放顺序，以工作顺序为主；第二层放脸盆、抽纸等；第三层放用过的物品。

四、社会调研题

略

项目二 面部清洁

一、判断题

1. √ 2. × 3. √ 4. ×

二、单项选择题

1. A 2. C 3. D

三、简述题

略

四、社会调研题

略

项目三 皮肤检测

一、判断题

1. × 2. √ 3. √ 4. ×

二、单项选择题

1. B 2. C 3. A 4. D

项目四 面部按摩

一、判断题

1. × 2. √ 3. × 4. ×

5. √

二、单项选择题

1. C 2. D 3. C 4. B

5. D

三、看图说话题

略

项目五 面膜护理

一、判断题

1. × 2. √ 3. √

二、单项选择题

1. A 2. A 3. D

三、看图说话题

略

项目六 结束工作

一、判断题

1. × 2. √ 3. √

二、单项选择题

1. D 2. A

三、简述题

略

项目七 整体护理流程

一、判断题

1. √ 2. × 3. √

二、单项选择题

1. C 2. C 3. D

三、简述题

略

参考文献

[1] 袁芳. 生活美容[M]. 北京：科学技术文献出版社，2007.

[2] 人力资源和社会保障部教材办公室，上海市职业培训研究发展中心. 美容师[M]. 北京：中国劳动社会保障出版社，2010.

[3] 成都市现代职业技术学校. 美体[M]. 北京：高等教育出版社，2010.

[4] 张春彦. 高级美容师视听教程[M]. 北京：人民军医出版社，2010.

[5] 金剪子发式造型创意坊. 美容师专业技术500问[M]. 长沙：湖南美术出版社，2008.

[6] 汤明川. 面部护理[M]. 上海：上海交通大学出版社，2009.

[7] 中国就业培训技术指导中心. 美容师[M]. 北京：中国劳动社会保障出版社，2010.

[8] 人力资源和社会保障部教材办公室，上海市职业培训研究发展中心. 香薰美容与保健[M]. 北京：中国劳动社会保障出版社，2010.

[9] 乔国华. 按摩[M]. 北京：高等教育出版社，2003.

[10] 姜永清. 美容与造型[M]. 北京：中国劳动社会保障出版社，2004.

[11] 赵晓川. 医学美容技术[M]. 北京：高等教育出版社，2005.

[12] 陈大为，王宝玲. 穴位按摩1001对症图典——图解经络穴位按摩全集[M]. 天津：天津科学技术出版社，2010.